ÉTUDES

SUR

LE MÉTAMORPHISME

DES ROCHES

PARIS. — IMP. SIMON RAÇON ET COMP., RUE D'ERFURTH, 1.

ÉTUDES

SUR

LE MÉTAMORPHISME

DES ROCHES

PAR

DELESSE

INGÉNIEUR DES MINES, PROFESSEUR DE GÉOLOGIE A L'ÉCOLE NORMALE
ASSOCIÉ ÉTRANGER DE LA SOCIÉTÉ GÉOLOGIQUE DE LONDRES

OUVRAGE COURONNÉ PAR L'ACADÉMIE DES SCIENCES

PARIS

F. SAVY, LIBRAIRE-ÉDITEUR

24, RUE HAUTEFEUILLE, 24

1869

L'auteur de ce mémoire distingue : 1° le *métamorphisme spécial*
ou de contact, qui est limité à une petite étendue ; 2° le *métamor-*
phisme général ou normal, qui s'est produit sur une grande échelle.

Une partie seulement de ses recherches est publiée ici : c'est celle
qui traite du métamorphisme général. La partie relative au métamorphisme spécial se trouve dans les *Annales des Mines* (5ᵉ série,
t. XII, 1857, p. 89).

Les considérations générales sur l'origine des roches et sur les
agents qui ont contribué à former l'écorce terrestre ont paru dans
le *Bulletin de la Société géologique* (2ᵉ série, t. XV, p. 728, 1858) et
ont été réimprimées en 1866 par la librairie de M. Savy.

ÉTUDES

SUR

LE MÉTAMORPHISME

DES ROCHES

MÉTAMORPHISME GÉNÉRAL

Le métamorphisme général s'est produit sur une grande
échelle. Il s'observe dans toute espèce de roches ; il est caractérisé par un développement plus ou moins complet de la structure cristalline. Les substances qui composent la roche passent
alors de l'état amorphe à l'état cristallin ; elles se combinent
aussi entre elles, en sorte qu'elles donnent naissance à de nouveaux minéraux, qui peuvent d'ailleurs être extrêmement variés. Souvent même la roche se change complétement en un
agrégat de cristaux.

L'énergie du métamorphisme est en quelque sorte mesurée
par la structure cristalline et par le développement des minéraux.

Il arrive fréquemment que des roches stratifiées se chargent
peu à peu des minéraux qui constituent les roches éruptives ;

aussi l'étude du métamorphisme général fait-elle voir qu'il existe un passage insensible entre ces deux classes de roches qui paraissent si différentes au premier abord. Ce sont les roches métamorphiques qui ménagent la transition ; et, lorsqu'on étudie leur gisement, on les trouve constamment interposées entre les roches stratifiées et éruptives.

Les causes du métamorphisme général ont laissé beaucoup moins de traces que celles du métamorphisme spécial. Comme l'a fait remarquer M. Élie de Beaumont, ce sont celles qu'on rencontre quand on pénètre à l'intérieur de la terre, c'est-à-dire la chaleur, l'eau, la pression et surtout les actions moléculaires.

Toutes les roches qui entrent dans la composition de l'écorce terrestre ont pu être modifiées par le métamorphisme général, et il importe maintenant de rechercher ce qu'elles sont devenues. Dans cette étude nous procéderons du simple au composé ; nous examinerons donc séparément les principales roches ; et, après avoir indiqué l'état sous lequel elles se présentent au moment de leur formation, nous passerons en revue les modifications successives qu'elles ont éprouvées, à mesure que l'énergie du métamorphisme allait en croissant.

ROCHES ANORMALES.

Les roches anormales sont celles qui constituent essentiellement les gîtes métallifères. Elles se sont formées à toutes les époques géologiques, et les gîtes métallifères s'exploitent depuis les terrrains les plus anciens jusqu'aux plus récents ; les minerais de fer s'engendrent même sous nos yeux pendant l'époque actuelle.

Les observations de M. Élie de Beaumont ont établi que, dans les premiers âges du globe, les roches métallifères étaient surtout très-nombreuses et très-variées[1]. On ne saurait douter, par conséquent, que les roches anormales ne se soient

[1] Élie de Beaumont : *Note sur les élévations volcaniques et métallifères.*

formées en grande abondance dans les terrains les plus anciens ; mais ces terrains sont précisément ceux qui ont été le plus modifiés par le métamorphisme général ; par suite, leurs roches anormales ont aussi été modifiées. Et il est, d'ailleurs, assez facile de le constater, car elles présentent des caractères tout particuliers dans les roches métamorphiques.

§ Ier

ROCHES ANORMALES MÉTALLIFÈRES.

Considérons notamment parmi les roches anormales celles qui sont métallifères, leur composition toute spéciale les distinguant très-nettement de la roche encaissante.

L'observation des roches métamorphiques montre qu'elles ont été amenées à un certain degré de plasticité ; par conséquent les roches anormales métallifères qu'elles renfermaient doivent également avoir perdu les formes de leur gisement primitif.

Lorsqu'elles étaient en couches, comme cela a lieu souvent pour les minerais de fer, ces couches ont été renflées ou étranglées sur divers points ; leurs formes rappellent alors celles des ganglions, *g* (fig. 1).

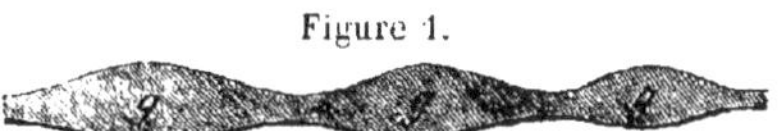

Figure 1.

Elles ont pu aussi être étirées et tronçonnées, en sorte qu'elles ne présentent plus une couche continue, mais des lentilles allongées, *l*, qui en conservent la trace (fig. 2).

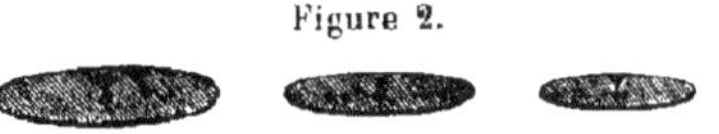

Figure 2.

En outre, elles ont été disloquées et contournées ; car on comprend qu'elles ont nécessairement partagé toutes les modifications de forme et de structure subies par les roches stratifiées entre lesquelles elles se trouvaient intercalées.

Leur stratification a été détruite plus ou moins complétement ; cependant elle est encore indiquée par les différences que les roches métamorphiques associées présentent dans leur composition minéralogique.

Lorsque les roches anormales métallifères étaient en filons, leurs formes ont été modifiées de la même manière. Les filons, qui avaient d'abord une épaisseur constante, sont devenus plus ou moins irréguliers. Ils ont encore pris les formes de ganglions ou de lentilles, comme les couches dont nous venons de parler ; seulement, au lieu d'être parallèles à la stratification des roches encaissantes, ils la coupent plus ou moins obliquement ; alors ils offrent des espèces de zones métallifères, qui ont été appelées par M. Breithaupt *zones de divergence*[1].

Lorsque les filons étaient primitivement parallèles et appartenaient à un même système, ils ont pu être reployés dans différents sens. Quant aux amas, ils ont pris des formes quelquefois très-bizarres, mais qui sont cependant plus ou moins arrondies.

Il faut encore ranger parmi les roches anormales métamorphiques les gîtes métallifères de la Scandinavie qu'on désigne sous le nom de *fahlbandes*. Ils présentent des zones parallèles qui, sur une grande longueur et sur une grande épaisseur, sont intimement imprégnées par divers minerais.

Les *skölars* de la Scandinavie sont également des gîtes métallifères métamorphiques. Ils offrent des amas lenticulaires et irréguliers, dans lesquels les minerais sont associés à de la chlorite.

Du reste, il est facile de comprendre que les modifications dans les formes des roches anormales devaient nécessairement être accompagnées de modifications non moins importantes dans la composition minéralogique. Ces dernières dépendent spécialement de la composition originaire.

---

[1] Breithaupt, *Paragenesis der Mineralien*, p. 84.

Quand des roches anormales ont été soumises au métamorphisme général, leur structure est toujours devenue plus cristalline; en outre, il s'y est développé des minéraux qui proviennent, soit des substances originairement contenues dans ces roches elles-mêmes, soit de leur combinaison avec les roches encaissantes. Les actions moléculaires ont réuni les parcelles métalliques entre elles et déterminé leur cristallisation; elles ont repoussé, au contraire, les parcelles non métalliques : elles ont donc contribué aussi à donner aux roches anormales métamorphiques les formes arrondies et lenticulaires qui les caractérisent.

Afin de rendre ces considérations bien sensibles, il est nécessaire d'étudier spécialement le métamorphisme général de quelques roches anormales métallifères. Nous allons donc examiner d'abord les minerais de fer, qui sont très-abondamment répandus dans tous les terrains et qui ont fréquemment subi le métamorphisme général.

FER.

Les minerais de fer s'observent en couches, en amas, en filons. Lorsqu'ils sont en filons, ils ont le plus souvent, dès l'origine, une structure bien cristalline; mais il n'en est pas de même quand ils ont été déposés en couches. En effet, les minerais de fer des marais, ceux des terrains tertiaires, secondaires ou primaires, sont généralement à l'état amorphe, quand ils n'ont pas été métamorphosés. Ils peuvent être anhydres, comme l'hématite rouge; cependant ils sont ordinairement hydratés, et ils appartiennent à l'hématite brune. Très-fréquemment ils sont à un état semi-cristallin, comme lorsqu'ils ont la forme de grains, de plaquettes ou d'oolithes. Les actions moléculaires qui s'exerçaient au moment de leur dépôt ont donc bien réuni les parcelles d'oxyde de fer, et elles les ont groupées autour de certains centres; toutefois l'oxyde est resté mélangé de matières argileuses; il a pu devenir fibreux ou radié, mais il n'a pas cristallisé avec les caractères du fer oligiste.

Explorons maintenant les terrains métamorphiques renfermant des minerais de fer, et recherchons les modifications apportées à ces derniers par le métamorphisme. Nous allons les voir se transformer successivement et d'une manière d'autant plus complète que le métamorphisme aura été plus énergique.

D'abord les minerais de fer en grains disparaissent, à moins qu'ils ne se soient déposés dans des fentes ou dans des cavités postérieurement au métamorphisme.

CHAMOISITE.

Certains minerais oolithiques ont pris des caractères spéciaux ; ils forment alors une espèce minérale à laquelle M. Berthier a donné le nom de chamoisite. On les observe à Chamoison, dans le Valais, à Grund, sur les flancs du Mettenberg, à Quintin, dans les Côtes-du-Nord, au Banwald, dans les Vosges et dans le terrain silurien des environs d'Alençon. Dans tous ces gisements, la chamoisite est enclavée dans diverses roches métamorphiques.

Le calcaire qui lui est associé a conservé sa couleur, mais habituellement il est devenu micacé, grenu et plus ou moins cristallin ; il a souvent des fossiles qui sont encore bien reconnaissables. Dans les Alpes notamment on y trouve des ammonites et des bélemnites.

Le grès s'est changé en quartzite, comme le grès silurien de l'Orne et des Côtes-du-Nord. Quant au schiste, il est souvent, pénétré de mica.

Il est très-vraisemblable que la chamoisite résulte du métamorphisme d'une oolithe ferrugineuse. Cette oolithe a pris une couleur verte ou noirâtre, due à ce que les oxydes de fer se sont combinés avec l'alumine et la silice qu'elle contenait. Elle est aussi plus attirable à l'aimant, et il faut sans doute l'attribuer à ce qu'elle renferme du protoxyde et du sesquioxyde de fer. En un mot, la chamoisite paraît avoir conservé la structure oolithique originaire ; mais les éléments qui la composaient se seraient combinés sous l'influence d'actions moléculaires : elle indiquerait donc un métamorphisme assez faible.

FER OLIGISTE.

Les roches dans lesquelles le métamorphisme a été plus énergique nous montrent le fer à l'état de fer oligiste, de fer oxydulé ou de silicates bien cristallisés.

Le fer oligiste est surtout extrêmement répandu dans les roches métamorphiques, qui prennent même des noms spéciaux lorsqu'il est abondant. Dans les grès et dans les schistes métamorphiques qui ont conservé des traces de leur stratification, il forme des paillettes qui rappellent tout à fait la disposition du mica dans les micaschistes.

L'*itacolumite*, par exemple, dans laquelle le diamant s'exploite au Brésil, est intercalée entre des couches parallèles, et encore bien visibles, de quartzites, et de schistes cristallins métamorphiques. Le fer oligiste se présente en paillettes parallèles à la schistosité; il est accompagné de martite, de pyrite de fer, de fer arsenical. Ces minerais de fer s'observent fréquemment dans la roche qui est une variété de quartzite, essentiellement formée de grains arrondis et lenticulaires de quartz, accompagnés d'un peu de mica blanc, rougeâtre ou verdâtre.

Quand le fer oligiste devient très-abondant, la roche a reçu le nom d'*itabirite*.

Le *sidéroschiste* est un schiste métamorphique dans lequel il s'est encore développé du fer oligiste qui est en paillettes ou en feuillets ondulés parallèles à la schistosité. Fréquent au Brésil, il se retrouve dans le Hündsruck et dans l'Esterel.

Le micaschiste et le gneiss contiennent eux-mêmes accidentellement des paillettes de fer oligiste.

Or, toutes ces roches doivent être considérées comme métamorphiques, ainsi que nous le verrons plus loin. Elles sont généralement trop compactes et beaucoup trop riches en fer pour qu'il soit possible d'admettre une infiltration ou bien une pénétration de vapeurs volcaniques qui auraient introduit postérieurement du fer oligiste. Il existait donc de l'oxyde de fer dans la roche originaire; cet oxyde a cristallisé au moment du métamorphisme, et, par suite, ses paillettes se sont orientées suivant la schistosité de la roche.

Le fer oligiste ne s'est pas seulement développé en paillettes, il se montre aussi en amas qui sont enclavés dans les roches métamorphiques.

La Scandinavie nous offre une région classique pour l'étude du métamorphisme, dans laquelle ces amas donnent des mines de fer très-importantes[1]. Des gisements célèbres s'observent également en Laponie, aux États-Unis, à l'île d'Elbe, dans les Vosges. Le fer oligiste y présente des formes très-variables : tantôt elles sont lenticulaires, tantôt, au contraire, ondulées et reployées dans tous les sens, sans aucune régularité. Il est entièrement cristallin, le plus souvent compacte, quelquefois lamelleux. Ses druses sont tapissées de beaux cristaux de fer oligiste.

Ici encore il faut admettre que le minerai de fer a été originairement déposé dans la roche dans laquelle il se trouvait en couches, en filons ou en amas. Le métamorphisme très-énergique qu'il a subi a complétement développé sa structure cristalline, et en même temps celle de toutes les roches dans lesquelles il est enclavé. Ces modifications dans l'état cristallin ont nécessairement donné lieu à des changements de volume très-notables ; par suite, il n'est pas étonnant que le minerai de fer métamorphique présente généralement des formes irrégulières.

FER OXYDULÉ.

Le fer oxydulé accompagne très-fréquemment le fer oligiste. C'est ce qui a lieu notamment dans les gisements dont nous venons de parler. Vers le nord de notre globe, il forme des amas extrêmement considérables, qui sont enclavés dans des roches cristallines. Il s'exploite à Dannemora, en Suède, à Norberg, à Philipstadt, à Taberg, dans les environs d'Arendal ; il est très-abondant en Laponie, en Russie, dans l'Oural, à Nische-Tagilsk, à Blagodat, à Kaschkanar ; il se retrouve dans l'Amérique du Nord.

---

[1] Erdmann, *Publications diverses sur la Scandinavie.*

De même que le fer oligiste, le fer oxydulé se montre disséminé dans des roches qui sont incontestablement métamorphiques ; ces roches sont même son gisement le plus habituel.
Citons particulièrement le calcaire cristallin, l'ardoise, le
schiste chloritique, talqueux, amphibolique, pyroxénique,
diallagique, hypersthénique.

Le fer oxydulé forme alors des cristaux isolés, quelquefois
très-nets, qui se sont développés dans ces roches. Les conditions
dans lesquelles ont cristallisé le calcaire, la chlorite, le talc,
l'amphibole, le pyroxène, le diallage, l'hypersthène, étaient
extrêmement favorables à la formation du fer oxydulé ; et
même il est rare que ces minéraux eux-mêmes n'en soient pas
plus ou moins imprégnés.

Il est visible que le fer oxydulé de ces roches métamorphiques représente l'excès d'oxyde de fer qu'elles contenaient
originairement, et qui n'a pas pu trouver place dans des silicates à base de fer et de magnésie. Quand il forme des amas
puissants enclavés dans ces roches, comme ceux de la Suède,
de la Norwége, de la Laponie, de l'Oural, il provient sans doute
de minerais de fer qui étaient originairement à un autre
état d'oxydation, mais qui, sous l'influence du métamorphisme, ont subi une réduction et ont pris en même temps
la structure cristalline.

La nature des roches encaissantes a exercé de l'influence sur
la réduction ; on remarque notamment que le minerai de fer
métamorphique se trouve souvent à l'état de fer oxydulé quand
il est en contact avec le calcaire[1]. Cependant il faut remarquer
que la réduction peut aussi avoir lieu sans cela. Ainsi les
roches métamorphiques avec hornblende, pyroxène, chlorite,
talc, contiennent du fer oxydulé, et une partie au moins du
fer combiné dans ces silicates se trouve à l'état de protoxyde.
Le fer oxydulé doit être regardé comme caractéristique d'un
métamorphisme déjà très-énergique subi par des minerais de
fer ou bien par des roches contenant beaucoup d'oxyde de fer.
Des recherches récentes de M. Rammelsberg montrent, d'ail-

---

[1] Durocher, *Annales des mines*, 4e série, t. XV. p. 171. *Observations sur les
gîtes métallifères de la Suède, de la Norwége et de la Finlande.*

leurs, que le fer oxydulé et le fer oligiste sont très-souvent associés [1].

PYRITES DE FER.

Lors même que le métamorphisme des minerais de fer est très-énergique, ils sont souvent accompagnés de pyrites de fer. Ces pyrites sont tantôt la pyrite ordinaire, tantôt la pyrite magnétique, qui se développe notamment en présence du calcaire cristallin. Elles s'observent à l'île d'Elbe, à Framont et dans un grand nombre de gisements. Leur association avec les minerais de fer est tellement intime, qu'elles ont nécessairement dû cristalliser au moment du métamorphisme. Il résulte donc de là que le métamorphisme ne détruit pas les pyrites, lors même qu'il produit un développement très-complet de la structure cristalline, ou lorsqu'il donne naissance, comme nous allons le voir, à de nouveaux minéraux.

FER CARBONATÉ.

Lorsque le fer carbonaté s'est déposé dans des terrains stratifiés, il est généralement amorphe et argileux ; mais lorsqu'il se trouve en filons, en amas, ou en veines serpentant dans les roches métamorphiques, il est, au contraire, bien cristallin et à l'état spathique. Les recherches de M. de Senarmont ont, du reste, appris qu'il peut devenir cristallin avec le concours d'une chaleur modérée.

A Ruszkberg, dans les Sept-Montagnes, en Autriche, le fer carbonaté spathique se montre en filons parallèles, plus ou moins étranglés, qui sont intercalés dans des schistes cristallins et métamorphiques[2]. (*Voir la figure.*) Dans certaines zones qui paraissent en relation avec la nature de ces schistes, il est remplacé par du fer oxydulé ou par du fer oligiste, et l'association de ces divers minerais de fer dans un même gisement est très-remarquable.

[1] *Zeitschrift der deutschen geologischen Gesellschaft*, t. X, p. 294 ; *Jahresbericht der Chemie*, von Hermann Kopp und H. Will.

Hofmann, *Gangstudien oder Beiträge zur Kenntniss der Erzgänge*, von B. Cotta und H. Müller, t. II, p. 468.

Ainsi, le fer carbonaté spathique n'est pas nécessairement détruit par le métamorphisme général, lors même que ce dernier est très-énergique. Il est, d'ailleurs, facile de comprendre que la nature de la roche avec laquelle il se trouve en contact doit nécessairement avoir une grande influence sur sa conservation et sur l'altération qu'il éprouve par le métamorphisme.

SILICATES A BASE DE FER.

Les silicates à base de fer sont généralement associés aux minerais de fer oligiste et oxydulé, et ils paraissent encore indiquer un degré de plus dans le métamorphisme. Ces silicates se retrouvent dans les roches les plus diverses ; mais il est facile de reconnaître, dans les gîtes métallifères classiques de l'île d'Elbe et de la Scandinavie, qu'ils se sont développés spécialement vers le contact des minerais de fer avec des roches silicatées. C'est en effet ce qui résulte de nombreuses observations faites par MM. Haussmann, Naumann, Erdmann, Keilhau, A. Burat, Studer, Scheerer, Daubrée, Durocher.

Il est donc naturel d'admettre que ces silicates à base de fer ont emprunté leur fer aux minerais, et leurs autres éléments aux roches voisines. La structure cristalline des roches qui renferment ces silicates est, d'ailleurs, très-développée ; par conséquent les substances diverses qu'ils renferment pouvaient se déplacer facilement et obéir aux actions moléculaires.

C'est ce qui explique aussi pourquoi la proportion de fer de

ces silicates est tantôt très-considérable, comme dans l'iénite,
la thuringite, tantôt au contraire, assez faible, comme dans le
talc, la chlorite, le mica, le pyroxène, l'amphibole.

Les silicates à base de fer sont très-nombreux et d'une composition très-complexe. Ils peuvent, d'ailleurs, être anhydres,
ou hydratés. Voici les plus importants :

1° Le pyroxène, l'amphibole, la wherlite, la wichtyne, la
sordawalite :

Le grenat almandin, mélanite, pyrénéite, c'est-à-dire à base
de fer, de chaux et quelquefois de magnésie ; l'idocrase,
l'épidote, la cordiérite ;

Le mica ferro-magnésien ;

L'iénite ;

2° Le talc, la serpentine, l'hisingérite, la thuringite
(owenite), la chlorite, la cronstedtite, la sidéroschisolithe,
la chamoisite ;

L'anthosidérite, la pyrosmalite.

Ces minéraux, dont la richesse en fer est très-variable, sont
pour la plupart associés au fer oligiste et au fer oxydulé dans
les gisements classiques et déjà cités qu'offrent la Scandinavie,
la Laponie, l'Oural, le Brésil, l'Amérique du Nord, l'île d'Elbe
et les Vosges. Ils peuvent former une sorte de salbande à la
limite des minerais de fer ; mais le plus souvent ils ont seulement cristallisé dans leur voisinage et même à une distance
assez grande du contact. Ils sont très-fréquemment accompagnés de quartz hyalin, qui est associé à des silicates pauvres
en silice ; de plus, ils sont hydratés et aussi accompagnés par
des sulfures, des fluorures et différents minéraux des gîtes
métallifères qui seraient facilement détruits par la chaleur ;
par conséquent le métamorphisme que nous venons d'étudier
dans les minerais de fer ne saurait être attribué à une fusion
ignée.

MANGANÈSE.

Le manganèse étant beaucoup plus rare que le fer, les
gisements dans lesquels il a subi le métamorphisme général

sont naturellement peu nombreux. Cependant lorsque ses minerais sont enclavés dans des roches métamorphiques, il est facile de reconnaître qu'ils ont des caractères tout particuliers et qu'ils ont eux-mêmes été métamorphosés.

HAUSSMANNITE, BRAUNITE.

Le manganèse des roches normales se trouve habituellement à l'état d'hydroxydes ou d'oxydes, tels que le peroxyde de manganèse hydraté, la psilomélane, l'acerdèse (Mn^2O^3+HO), la pyrolusite (MnO^2).

Dans les roches métamorphiques au contraire, il est surtout à l'état d'oxydes anhydres et cristallins, comme la haussmannite (Mn^3O^4) et la braunite (Mn^2O^3). Ces deux oxydes correspondent, du reste, au fer oxydulé et au fer oligiste, qui se sont aussi développés dans les mêmes roches.

Comme exemple, il suffira de citer le gisement de Saint-Marcel, en Piémont, dans lequel la variété de braunite dite marceline s'observe dans des roches métamorphiques[1]; elle est, d'ailleurs, imprégnée d'une certaine quantité de silicate de manganèse, indiquant bien une cristallisation contemporaine de l'oxyde et du silicate.

FRANKLINITE.

La franklinite (FeO, ZnO, MnO) (Fe^2O^3, Mn^2O^3) est associée à l'oxyde rouge de zinc, au grenat et au calcaire cristallin. Elle appartient essentiellement aux roches métamorphiques.

MANGANÈSE CARBONATÉ.

Le manganèse carbonaté est généralement spathique; de même que le fer carbonaté, il se montre fréquemment dans les roches métamorphiques, particulièrement dans celles qui sont métallifères.

[1] Damour, *Annales des mines*, 4ᵉ série, t. I, p. 400.

SILICATES A BASE DE MANGANÈSE.

Lorsque le manganèse s'est trouvé dans des roches métamorphiques, comme ses oxydes sont des bases plus énergiques que ceux de fer, ils devaient se combiner encore plus facilement avec la silice. Aussi les silicates de manganèse se sont-ils développés dans les roches métamorphiques et au voisinage des divers minerais contenant du manganèse. Il suffit pour s'en convaincre d'énumérer ces silicates, et de signaler leurs principaux gisements.

Le rhodonite ($5MnO$, $2SiO^3$), qui est un pyroxène manganésifère, accompagne, à Saint-Marcel, la braunite et le carbonate spathique de manganèse ; le fer oxydulé, qui est enclavé dans le gneiss, à Langbanshyttan ; les minerais de fer, de manganèse et de zinc à Franklin, dans le New-Jersey.

L'amphibole des roches métamorphiques est souvent plus ou moins manganésifère; c'est ce qui a lieu notamment pour la grammatite de Saint-Marcel.

Le tephroïte, qui a la composition du péridot manganésifère ($5MnO$, SiO^3), se trouve également à Franklin.

Le grenat manganésifère ou spessartine s'est formé dans des roches métamorphiques; dans la Saxe, il est d'ailleurs associé à l'helvine (5 MnO, FeO), 2 $SiO^3 + BeO^3$, $SiO^3 + MnS$, MnO.

La pyrosmalite 5 (FeO, MnO) $2SiO^3 + \frac{1}{4} Fe^2Cl^3 + Fe^2O^3$, 6 HO s'est développée avec le fer oxydulé de Wermland en Suède.

L'épidote manganésifère, le violane de M. Breithaupt, le sphène manganésifère (grenowite), la romeïne, ont encore pris naissance dans le gîte métamorphique de Saint-Marcel.

C'est essentiellement dans les roches métamorphiques que s'observent les silicates à base de manganèse ; par conséquent ils ont eux-mêmes une origine métamorphique. Il est très-remarquable, du reste, qu'ils soient souvent associés aux oxydes et même aux carbonates de fer et de manganèse.

ZINC.

Le zinc se rencontre très-fréquemment dans les gîtes métallifères, et alors il est généralement à l'état de sulfure.

Mais il forme aussi des couches ou des amas d'une grande puissance, dans lesquels il a visiblement été déposé par des eaux métallifères venues de l'intérieur de la terre. La Silésie, la Pologne, la Belgique nous offrent des exemples remarquables de ces gisements, qui sont exploités très-activemnt et fournissent la plus grande partie du zinc métallique.

Le zinc qui a été oxydé s'y trouve à l'état de carbonates et de silicates, tantôt anhydres, tantôt hydratés. Ces derniers minéraux sont généralement amorphes, mais les druses du minerai sont tapissés de cristaux de smithsonite (ZnO, CO^2), de willemite $(3 ZnO, SiO^3)$, de calamine $(3 ZnO, SiO^3 + \frac{1}{2} HO)$.

Le plus ordinairement le minerai qu'on exploite est un mélange terreux de calamine et de zinc carbonaté avec de l'hydroxyde de fer. Il est, d'ailleurs, associé à des minerais de plomb, de manganèse, de cadmium, et surtout à de la dolomie.

Si l'on suppose maintenant que le minerai de zinc soit soumis au métamorphisme général, sa structure cristalline prendra un plus grand développement; en outre, les différentes substances qui l'accompagnent pourront réagir l'une sur l'autre et former des minerais nouveaux.

Les gîtes si remarquables de Stirling et de Franklin, dans le New-Jersey, me paraissent résulter d'un métamorphisme très-énergique éprouvé par du minerai de zinc ferro-manganésifère, présentant originairement les caractères de ceux de la Silésie ou de la Belgique.

En effet, à la mine de Stirling, M. le professeur H. D. Rogers a constaté que le minerai de zinc forme une couche intercalée dans un calcaire cristallin qui appartient au silurien inférieur et qui est visiblement métamorphique[1].

La partie supérieure de cette couche consiste en oxyde de zinc rouge et complétement cristallin.

La partie inférieure est de la franklinite; elle provient sans doute du métamorphisme d'un minerai de zinc qui était moins

----

[1] Whitney, *The metallic Wealth of the United States*, p. 349.

pur, et mélangé, au moment de son dépôt, avec des oxydes de
fer et de manganèse.

Minerai de zinc à Stirling.

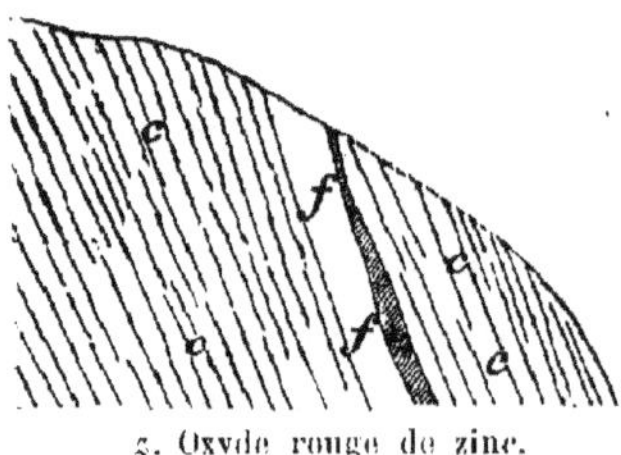

A Franklin, le minerai de zinc forme également des couches
qui sont associées à un calcaire blanc et métamorphique.

Le métamorphisme a été très-énergique, et ces gîtes renferment de l'oxyde de zinc, de la franklinite, de la gahnite ou
spinelle zincifère (ZnO, FeO) Al^2O^5, et même de la willemite
manganésifère. Tous ces minéraux sont en très-beaux cristaux;
ils peuvent être accompagnés de quartz et de chaux carbonatée
spathique. Le carbonate de zinc se rencontre bien à Franklin;
mais, comme l'observe M. Dana, il est pulvérulent, et il provient de la décomposition de l'oxyde rouge de zinc[1].

En résumé, le carbonate, l'hydrocarbonate, l'hydrosilicate
de zinc paraissent avoir été détruits en même temps que les
hydroxydes de fer et de manganèse ; l'oxyde de zinc a cristallisé, soit seul, soit avec d'autres oxydes ; il s'est aussi combiné
avec la silice. La structure cristalline de tous les minéraux qui
se sont formés est d'ailleurs très-développée.

CHROME.

Le chrome s'observe accidentellement à l'état d'hydrosilicate,
comme dans la volkonskoïte ou dans l'ocre de chrome, qui se
trouve dans l'arkose de Saône-et-Loire : mais cet hydrosilicate

----

[1] Dana. *A system of Mineralogy*, 4ᵉ éd., p. 448.

semble résulter d'une décomposition : tandis que le minerai habituel de chrome, le fer chromé, se rencontre dans les roches serpentineuses, talqueuses, dolomitiques, et, en général, dans les roches métamorphiques. Certains silicates cristallins et chromifères, tels que l'ouwarowite, la fuchsite, la smaragdite, existent également dans ces dernières roches, en sorte qu'ils peuvent se former par métamorphisme.

TITANE.

Le titane est généralement associé au fer; et l'analyse, ainsi que les opérations métallurgiques, indiquent sa présence dans les divers minerais de fer, même dans les hydroxydes des terrains stratifiés. Dans ces derniers gisements, il est à l'état d'oxyde de titane amorphe, mélangé avec de l'hydroxyde de fer, avec de l'argile et quelquefois avec du calcaire.

Que l'on suppose un pareil gîte métallifère soumis au métamorphisme, les actions moléculaires réuniront les parcelles de titane; elles détermineront leur cristallisation, ainsi que leur combinaison avec les diverses substances qui les accompagnent; en même temps il se formera des silicates indiquant un métamorphisme énergique.

Telle me paraît être l'origine des minéraux titanés qui s'observent si souvent dans les minerais de fer et en général dans les roches métamorphiques. Tantôt ces minéraux ont cristallisé dans la roche elle-même, tantôt dans ses druses ou dans ses fissures.

Je signalerai particulièrement l'anatase, le rutile, la brookite, l'ilménite, le fer titané, le sphène, la perowskite, l'œrstedtite.

Ces minéraux titanés sont associés au fer oxydulé, au fer oligiste, au mica, au talc, à la chlorite, aux silicates qui composent le groupe du grenat et du pyroxène. Ils sont très-fréquents dans le schiste chloritique et talqueux, le micaschiste, le quartzite, le gneiss, le calcaire cristallin. On en citerait de nombreux exemples dans la Scandinavie, la Sibérie, le Tyrol, et dans plusieurs parties des Alpes.

Quand le métamorphisme s'est exercé sur des roches titanées, il a déterminé la cristallisation d'oxydes de titane qui contiennent plus ou moins d'oxydes de fer ; il a formé un titanate de chaux, et surtout un silicate à base de titane et de chaux, le sphène.

BISMUTH.

Les minerais de bismuth sont assez rares ; mais il importe d'observer qu'un silicate de ce métal s'est formé dans des roches cristallines. Ainsi, l'eulytine a été observée dans le quartz, en Saxe. Lorsque les divers minerais de bismuth sont soumis au métamorphisme général en présence de la silice, il est donc possible qu'ils soient décomposés et qu'ils donnent alors des silicates.

CUIVRE.

Le cuivre est un des métaux les plus fréquents dans les gîtes métallifères. Il est à l'état de cuivre natif, de chlorure, de sulfures, d'antimoniures, d'oxydes, de carbonates, de sulfates, de phosphates, d'arséniates, de chromates, etc. Ses minerais sont donc extrêmement variés.

Il peut, en outre, se combiner avec la silice, et alors il donne des hydrosilicates de cuivre, ayant souvent une structure concrétionnée, qui résulte de la décomposition de ces divers minerais, et qui se forme encore maintenant dans les mines en exploitation [1].

Par cela même qu'il est assez commun dans la nature, le cuivre doit se rencontrer assez souvent dans des roches soumises au métamorphisme général.

En effet, M. Breithaupt observe qu'il est associé aux minerais de la Scandinavie qui présentent des zones de divergence [2]. Il est alors à l'état de pyrite de cuivre, et en amas dans lesquels

---

[1] *Annales des mines*, 1846, t. IX, p. 587; *Notice sur quelques produits de la décomposition des minerais de cuivre.*

[2] *Paragenesis*, p. 84, 136, 265.

la forme primitive des filons est très-oblitérée. Les principaux minéraux qui l'accompagnent sont :

Des oxydes : le fer oxydulé, le fer oligiste, l'oxyde d'étain ;

Des sulfures et des arséniures : la pyrite de fer, la pyrite magnétique, la galène, la blende, le fer arsénical ;

Des silicates et des hydrosilicates : le pyroxène, la wollastonite, le grenat, l'idocrase, la chlorite, le quartz.

A Röraas, le minerai de cuivre se montre en *fahlbandes*; il est groupé suivant des zones métallifères et disséminé dans le schiste chloritique.

A Falun, le minerai de cuivre se présente en *skolars*; il est encore associé à de la chlorite et enclavé dans un quartz gris, contenant des paillettes de mica; il est à l'état de pyrite, accompagné par de la galène et de la blende. Dans la principale mine, il forme l'enveloppe d'un grand amas conique dont l'intérieur consiste en pyrite de fer[1].

A Campiglia, en Toscane, la pyrite de cuivre, la pyrite de fer et la blende, ont cristallisé en même temps que l'iénite, l'amphibole et l'épidote[2].

D'un autre côté, en Sibérie, la dioptase ($3\,CuO,\ 2\,SiO^3 +$ $3\,HO$) est associée à du quartz et de la chaux carbonatée ; elle est très-bien cristallisée, et elle forme des veines dans un calcaire compacte.

En résumé, lorsque les minerais de cuivre ont été soumis au métamorphisme général, leur structure est devenue plus cristalline. En outre, leur composition a pu être modifiée ; mais la formation d'un silicate de cuivre paraît très-rare et limitée à la dioptase.

Le cuivre se montre le plus généralement à l'état de pyrites dans les gîtes métallifères, même lorsque le métamorphisme a été le plus énergique et lorsqu'il a développé des minéraux appartenant au groupe du grenat et du pyroxène.

Ces résultats s'expliquent aisément ; car le cuivre a peu de tendance à jouer le rôle de base à l'égard de la silice, puisque

---

[1] Durocher, *Annales des mines*, 4ᵉ série, t. XV, p. 272.

[2] Burat, *Études sur les gîtes métallifères*.

dans la nature on connaît seulement un silicate de cuivre bien défini, la dioptase ; il a au contraire pour le soufre une affinité exceptionnelle, et il se combine avec lui dans toutes les conditions possibles.

Dans tous les minerais métalliques qui précèdent, le métal pouvait se combiner en proportions définies avec la silice ; mais il n'en est plus de même pour les minerais dont il nous reste à parler.

En outre, bien qu'ils soient quelquefois disséminés dans les terrains stratifiés, ils ne s'observent guère en couches : ils sont en filons ou en amas qui sont accidentels et enclavés dans les divers terrains. De même que dans les gîtes de ce genre, leur structure est naturellement très-cristalline. Au lieu de se présenter à l'état d'oxydes, comme on l'observe généralement pour le fer, il en est qui forment dès l'origine des composés très-variés. D'autres, au contraire, sont constamment à l'état de corps simples. Par tous ces motifs réunis, il devient très-difficile de déterminer l'action qui a été exercée par le métamorphisme.

Nous allons cependant passer rapidement ces métaux en revue, et nous indiquerons leurs caractères dans les roches métamorphiques.

COBALT.

Le cobalt, comme le remarque M. Breithaupt se trouve dans des gîtes métamorphiques, très-bien caractérisés et qui forment même des zones de divergence.

A Tunaberg, à Riddarhyttan, à Skutterüd, en Scandinavie, à Schneeberg, en Saxe, il est à l'état de cobalt gris et dans des roches essentiellement amphiboliques. Il est accompagné de sulfure de fer et de nickel (*Eisennickelkies*), de pyrite de fer magnétique, de fer oxydulé, de pyrite de cuivre et quelquefois d'axinite. A Querbach, en Silésie, le même minerai se trouve associé au mica, au grenat, au quartz, dans le micaschiste et même dans les gneiss.

NICKEL.

Le nickel accompagne généralement le cobalt, et c'est ce qui a lieu notamment dans les gîtes métamorphiques dont nous venons de parler.

La silice peut se combiner avec le nickel et former des hydrosilicates, tels que la chrysoprase et la pimélite; mais ces silicates ne sont pas cristallisés, et ils ne paraissent pas s'être formés spécialement dans les roches métamorphiques. Le cobalt et le nickel de ces dernières roches restent au contraire combinés à l'arsenic et au soufre.

TUNGSTÈNE.

Le tungstène, qui, dans les filons, est généralement à l'état de wolfram et d'acide tungstique, s'est quelquefois combiné avec la chaux, notamment dans les gîtes de fer oxydulé de Riddarhyttan et de Bispberg, en Suède, où l'on trouve du scheelin calcaire. A Zinwald, en Bohème, il est à l'état de tungstate de plomb associé avec du wolfram, du quartz et du mica.

MOLYBDÈNE.

Le molybdène est surtout connu à l'état de molybdène sulfuré; mais il se rencontre dans le micaschiste, le schiste talqueux et le gneiss, ainsi que dans les gîtes de fer oxydulé et d'oxyde d'étain de la Saxe et de la Scandinavie. Le molybdène sulfuré peut donc cristalliser en même temps que les roches métamorphiques.

TANTALE.

Le tantale se montre à l'état de tantalite et d'yttrotantalite dans le gneiss de la Scandinavie, qui est regardé comme métamorphique par la plupart des géologues.

ÉTAIN.

Dans la nature, l'étain est presque invariablement à l'état d'oxyde. Dans ses principaux gisements il est, d'ailleurs, accompagné par le quartz, le mica, la topaze, le spath fluor. Il ne s'est jamais combiné à la silice, bien qu'il ait certainement cristallisé en même temps que les silicates qui lui sont associés.

ANTIMOINE.

L'antimoine qui se montre disséminé dans le schiste argileux, dans la grauwake et dans le gneiss, ne s'est pas non plus combiné avec la silice ; il s'observe surtout à l'état de sulfure simple et complexe, que les roches encaissantes soient normales ou métamorphiques. Cependant, dans le gîte métamorphique de Saint-Marcel, il a formé un antimonite bien cristallin qui est essentiellement à base de chaux, la roméïne $4 (CaO, MnO)$, $3Sb^2O^3$[1].

PLOMB.

Le plomb est un métal qui dans la nature se trouve dans des composés extrêmement variés ; on le connaît à l'état de plomb natif, d'oxyde, de chlorure, d'oxychlorure, de sulfure, de séléniure, de tellurure, d'antimoniure et d'antimonio-sulfure, de sulfate, de phosphate et de phospho-arséniate, de carbonate, de chloro-carbonate, de sulfato-carbonate, de tungstate, de molybdate, de vanadate, de chromate.

Les minerais de plomb sont quelquefois associés à des silicates. Ainsi, aux environs de Freiberg, la galène et le plomb phosphaté accompagnent le quartz et le mica. A Zinwald, le plomb tungstaté se trouve avec les mêmes minéraux. Le plomb chromaté imprègne un micaschiste métamorphique de Minas-Geraes, au Brésil.

La galène, qui est le principal minerai de plomb, peut résister au métamorphisme, lors même qu'il a été assez énergique pour former des silicates. Ce résultat s'explique, d'ailleurs, par la grande affinité du plomb pour le soufre et par l'absence de silicate de plomb dans la nature.

[1] Damour, *Annales des mines*, 3ᵉ série, XX, 247.

MERCURE

Le mercure et le cinabre s'observent quelquefois dans le micaschiste, notamment en Toscane ; mais ces substances se volatilisent avec tant de facilité, qu'il est difficile de savoir si elles ont cristallisé en même temps que les roches métamorphiques ou si elles y ont été introduites postérieurement.

ARGENT.

L'argent forme des composés presque aussi variés que le plomb. Ses minerais peuvent imprégner les roches métamorphiques, telles que le schiste talqueux et le gneiss. Lors même qu'il accompagne des silicates, l'argent ne s'est jamais combiné avec la silice.

OR.

Il en est de même pour l'or, auquel l'argent est généralement associé, et qui se montre, comme ce dernier métal, à l'état de tellurure.

PLATINE.

Enfin le platine et ses congénères sont connus seulement à l'état natif : ils ne changent donc pas d'état par l'action du métamorphisme.

RÉSUMÉ.

En résumé, lorsque les minerais métalliques sont soumis au métamorphisme général, leur structure devient plus cristalline. Quant à leur composition chimique, tantôt elle est modifiée, et tantôt, au contraire, elle reste la même.

Les hydroxydes de fer et de manganèse se changent en oxydes anhydres, et donnent du fer oligiste, du fer oxydulé, de la braunite, de la haussmannite.

Quand le métamorphisme est très-énergique, certains métaux

peuvent s'unir aux divers éléments des roches qui leur sont associées, et former notamment des combinaisons avec la silice. Ainsi le fer, le manganèse, le zinc, le titane, et même le chrome sont souvent métamorphosés en silicates ou en hydrosilicates.

Tous ces métaux s'observent, du reste, dans la nature, à l'état d'oxydes ; en outre, ils forment des bases qui sont énergiques et qui ont, pour la plupart, une grande affinité pour la silice.

Quand les métaux sont combinés avec le soufre, l'arsenic, l'antimoine, ils résistent au métamorphisme ; car la pyrite de fer, la pyrite magnétique, les pyrites de cuivre, la galène, la blende, le cobalt gris, le nickel arsenical, se trouvent dans les gîtes métamorphiques les mieux caractérisés. Enfin les métaux à l'état natif s'y trouvent également.

Le métamorphisme, lors même qu'il était très-énergique, a d'ailleurs permis la cristallisation de métaux natifs, d'oxydes, de carbonates, de sulfures, d'arséniures, d'antimoniures, de silicates, et en un mot, des composés les plus divers ; par conséquent on ne saurait l'attribuer à une fusion ignée ou à l'action de la chaleur seule.

ROCHES PROPREMENT DITES.

§ II.

ROCHES ÉRUPTIVES.

Le métamorphisme général s'est exercé sur toute espèce de roches ; il faut donc encore étudier ses effets dans les roches normales, qu'elles soient éruptives ou stratifiées.

Les roches éruptives normales constituent les roches éruptives proprement dites. Elles sont tantôt volcaniques, tantôt plutoniques. A toutes les époques géologiques elles ont pénétré dans les divers terrains ; lorsque ensuite ces derniers ont été soumis au métamorphisme général, elles ont nécessairement éprouvé elles-mêmes des altérations, comme les autres roches, elles ont été modifiées dans leurs propriétés physiques et chimiques.

ROCHES VOLCANIQUES.

Si l'on considère d'abord les roches volcaniques, elles ne s'observent pas dans les roches soumises au métamorphisme général.

Des roches trapéennes y sont bien intercalées, mais jusqu'à présent, il n'est pas à ma connaissance qu'on y ait signalé des trachytes ou des laves.

L'absence de ces dernières roches est ordinairement attribuée à ce que les roches volcaniques, étant beaucoup plus récentes, ne se produisaient pas encore.

Mais il est bien constaté maintenant que les roches métamorphiques se sont formées à toutes les époques géologiques : il est, de plus, naturel d'admettre que les roches volcaniques, étant engendrées par la chaleur, se sont produites dès les terrains les plus anciens. Dans l'hypothèse de l'origine ignée de la terre, leurs éruptions devaient même être plus fréquentes, puisque l'écorce solidifiée avait moins d'épaisseur. D'après cela, si jusqu'à présent les roches volcaniques n'ont pas été observées dans les terrains les plus anciens, ne faudrait-il pas l'attribuer à ce que ces derniers sont généralement métamorphiques, à ce que les roches éruptives qui s'y trouvaient intercalées ont elles-mêmes changé de caractères ?

TRACHYTE.

Afin de préciser les faits, prenons pour exemple le trachyte. Il s'observe surtout dans les terrains tertiaires ou modernes ; mais on le connaît aussi dans les terrains anciens, et en particulier dans le terrain devonien. La même remarque s'applique au rétinite, qui lui est souvent associé. Ordinairement on suppose que le trachyte ne se formait pas encore lors du dépôt des terrains anciens, et son éruption est considérée comme postérieure. Admettons cependant qu'elle soit contem-

poraine. Si les terrains anciens, comme on l'observe le plus
souvent, sont soumis au métamorphisme général, il en sera
nécessairement de même pour le trachyte qu'ils renferment.
Or, le trachyte présente à peu près la composition chimique
du granit, comme l'établissent les analyses de ces deux roches ;
il peut passer en porphyre quartzifère et à des roches granitiques. Sous l'influence du métamorphisme général, il perdra
donc ses caractères, notamment sa structure celluleuse, ainsi
que l'éclat vitreux de ses minéraux ; il cristallisera de nouveau
et il se transformera en roche granitique.

Telle est sans doute la cause de la rareté du trachyte dans
les terrains anciens.

L'hypothèse qui vient d'être proposée est, pour ainsi dire,
la réciproque de celle admise par Léopold de Buch. Si, comme
le suppose cet illustre géologue, le granit soumis à l'action
de la chaleur se change en trachyte, réciproquement le
trachyte soumis au métamorphisme général doit régénérer du
granit.

Une même roche, suivant qu'elle cristallise avec le concours
ou sans le concours de la chaleur, peut par conséquent se
métamorphoser, soit en trachyte, soit en granit.

TRAPP.

Parmi les roches volcaniques les plus anciennes, il faut
mentionner les trapps, qui se sont formés dès le terrain silurien. On sait qu'ils renferment souvent du pyroxène augite ;
mais lorsque les terrains qu'ils traversent ont été soumis au
métamorphisme général, l'on conçoit qu'ils ont nécessairement
dû éprouver eux-mêmes des modifications. Or, l'observation
apprend que les roches métamorphosées qui sont à base d'anorthose contiennent généralement de l'amphibole, du diallage, du
mica. L'amphibole est surtout le bisilicate le plus caractéristique des roches métamorphiques, et elle paraît s'y être développée chaque fois qu'elles contenaient les éléments nécessaires
à sa formation. Ainsi, au pyroxène augite, le silicate qui se
produit le plus souvent en présence de la chaleur, est venue

se substituer l'amphibole hornblende, qui résulte du métamorphisme général. L'ouralite, qui réunit l'augite et l'hornblende, indique sans doute une action mixte. D'un autre côté, l'analyse apprend que, dans sa composition élémentaire, le trapp ne diffère pas essentiellement de la diorite. Il est donc possible d'établir entre le trapp et la diorite le même rapprochement qu'entre le trachyte et le granit.

Les considérations dans lesquelles je viens d'entrer suffisent pour faire voir que chaque roche volcanique correspond à une roche plutonique dont la composition chimique est à peu près la même, bien que tous les autres caractères soient très-différents.

Quand les roches volcaniques ont été soumises au métamorphisme général, elles se sont métamorphosées en roches plutoniques.

L'absence ou la rareté des roches volcaniques dans les terrains anciens s'explique d'ailleurs facilement, puisque ces terrains ont subi le plus souvent le métamorphisme général.

ROCHES PLUTONIQUES.

Si l'on suppose actuellement que le granit, la diorite, la serpentine ou d'autres roches plutoniques soient soumises au métamorphisme général, leur altération doit nécessairement être plus légère que celle des roches volcaniques ; car elles se trouvent précisément replacées dans les conditions mêmes de leur formation. Cependant leur structure en grand et en petit sera sans doute modifiée ; de plus, elles cristalliseront de nouveau et en même temps que les roches qui les encaissent. Certains minéraux pourront alors disparaître, d'autres, au contraire, se développer ; mais tant que les circonstances seront les mêmes, les roches plutoniques resteront ce qu'elles étaient primitivement.

Une roche pourra, du reste, être soumise plusieurs fois au métamorphisme général. C'est ce qui a dû se produire dans les Pyrénées, où, d'après M. Durocher, l'on observe des dislocations se rapportant à différents systèmes de montagnes, et des roches métamorphiques appartenant à tous les terrains, depuis le silurien jusqu'au nummulitique.

Il importe encore d'observer que les roches plutoniques se retrouvent avec les mêmes caractères dans les divers terrains métamorphiques; par suite ces derniers se sont formés dans les mêmes conditions à toutes les époques géologiques.

RÉSUMÉ.

Ainsi, les roches éruptives soumises au métamorphisme général subissent d'abord, dans leur structure en grand, les modifications communes à toutes les roches. En outre, elles se comportent tout différemment, suivant qu'elles sont volcaniques ou plutoniques.

Dans le premier cas, elles perdent les caractères qu'elles doivent spécialement à la chaleur; elles se métamorphosent en roches plutoniques *correspondantes*; le trachyte, par exemple, pourra se changer en granit, et le trapp en diorite.

Dans le deuxième cas, elles cristallisent de nouveau; mais, les circonstances restant les mêmes, elles conservent les mêmes caractères.

C'est de l'énergie du métamorphisme que dépendent, d'ailleurs, toutes les métamorphoses éprouvées par les roches éruptives.

Les roches volcaniques, aussi bien que les roches plutoniques, se sont formées à différentes époques géologiques. La rareté plus grande des roches volcaniques dans les terrains anciens paraît devoir être attribuée au métamorphisme général.

Quelle que soit la roche éruptive soumise au métamorphisme général, elle tendra à réagir sur la roche encaissante; par suite, des minéraux nouveaux pourront se développer près du contact. L'étude de ces minéraux nous occupera plus loin d'une manière spéciale.

§ III.

ROCHES STRATIFIÉES.

COMBUSTIBLES.

BOIS, LIGNITE, HOUILLE, ANTHRACITE, GRAPHITE.

Les combustibles ont une composition toute spéciale, très-différente des autres roches ; et, par suite, il est facile d'y étudier le métamorphisme général. Les métamorphoses qu'ils ont éprouvées se suivent aisément ; elles sont très-nettes, et il est possible de les formuler avec précision.

L'étude géologique et microscopique des combustibles a démontré depuis longtemps qu'ils proviennent de substances organiques. Ces substances sont le plus généralement végétales ; cependant quelquefois elles peuvent aussi être animales.

La structure végétale est évidente dans le lignite ; elle se retrouve dans la houille quand on l'examine au microscope, comme l'a fait le docteur Hutton. Les couches de houille récemment extraites des mines présentent, d'ailleurs, des empreintes qui sont très-reconnaissables. D'après MM. Göppert, Witham et Geinitz, le tissu végétal est assez bien conservé pour qu'il soit possible de préciser les plantes qui ont formé chaque couche : ces plantes sont le plus généralement des sigillaria, des stigmaria, des lepidodendron, et, dans certains cas, des noeggerathiées.

La structure végétale a généralement disparu dans l'anthracite ; cependant elle a été observée par MM. Bayley et Teschemacher, dans l'anthracite des États-Unis, soit lorsqu'il est incomplétement brûlé, soit lorsqu'il est fraîchement sorti de la mine.

Le docteur Mac-Culloch et Karsten ont, d'ailleurs, signalé l'origine végétale de l'anthracite, et ils ont appelé l'attention sur ses passages à des combustibles moins riches en carbone. En effet, l'anthracite est associé à la houille de la manière la plus évidente ; il est bien certain qu'il en dérive. Rappelons encore que la houille peut se métamorphoser en anthracite au contact de roches éruptives, soit trappéennes, soit granitiques[1].

Maintenant, lorsqu'on étudie les modifications éprouvées par les couches de houille, soit dans le sens vertical, soit dans le sens horizontal, on les voit passer à l'anthracite.

Ainsi, dans la plupart des bassins houillers, en France, en Belgique, en Angleterre, la houille devient de plus en plus sèche, à mesure que les couches exploitées sont à une profondeur plus grande. A la partie inférieure du terrain houiller, dans le calcaire carbonifère et dans le terrain dit anthraxifère, le combustible qu'on trouve est même le plus souvent à l'état d'anthracite.

L'immense terrain houiller qui s'étend à l'ouest des Alleghanys, dans l'Amérique du Nord, nous en offre un exemple remarquable. Car, d'après sir Charles Lyell, sur plus de 1,500 kilomètres, la proportion de matières volatiles diminue peu à peu à mesure qu'on se rapproche de la région montagneuse. Elle est de 50 p. 100 sur l'Ohio, et seulement de 40 sur le Monongahela, de 16 dans les Alleganhys. Enfin, dans les régions les plus bouleversées, en Pensylvanie et dans le Massachusets, la houille s'est métamorphosée en anthracite.

Dans le bassin houiller de Brassac, qui est sans calcaire carbonifère, et qui repose sur le gneiss, la houille est grasse à la partie supérieure, anthraciteuse à la partie inférieure.

Dans le bassin houiller de la Belgique, qui est avec calcaire carbonifère, le flénu, c'est-à-dire la houille gazeuse, se trouve à la partie supérieure; la houille grasse ou de forge, dans la partie moyenne; la houille maigre et anthraciteuse, dans la partie inférieure. Quelques couches de ce bassin, qui s'exploitent vers le haut du calcaire carbonifère et au-dessous du terrain houiller proprement dit, sont d'ailleurs à l'état d'anthracite.

En définitive, la houille peut passer à l'état d'anthracite non-seulement dans le sens vertical, mais aussi lorsqu'on suit une même couche dans le sens horizontal.

---

[1] Delesse, *Études sur le métamorphisme des roches*, Paris, 1858, p. 38 et 304.

La structure végétale a complétement disparu dans le graphite, puisque le carbone s'y trouve à l'état cristallin. Mais on est bien certain cependant qu'un combustible d'origine végétale peut se métamorphoser en graphite. A New-Cumnock, à Borrowdale, l'on a constaté que la houille se change successivement en anthracite, puis en graphite, au contact de roches trappéennes. Dans les Alleghanys, dans les Vosges, en Bavière, le graphite se montre au milieu de calcaires, de gneiss, de micaschistes : on ne saurait douter alors qu'il ne provienne de combustibles et qu'il ne résulte du métamorphisme général subi par les roches auxquelles il est associé. Comme l'observe M. Dana, le graphite lui-même est donc le dernier terme du métamorphisme des combustibles, et du reste il est engendré, soit par le métamorphisme spécial, soit par le métamorphisme général.

Les combustibles peuvent quelquefois avoir une origine animale ; ils résultent alors de la fossilisation de divers animaux. Léopold de Buch et Studer pensent que ce serait le cas pour quelques veines de houille des Alpes[1]. Certains schistes bitumineux qui sont employés pour fabriquer une huile propre à l'éclairage, tels que ceux du lias du Wurtemberg, paraissent également devoir en partie leur matière organique à des animaux dont on retrouve encore les débris accumulés. Il en serait de même pour le dusodyle. L'origine animale des combustibles sera indiquée par les empreintes très-nombreuses de fossiles, par l'odeur particulière et désagréable qu'ils donnent en brûlant ; mais leur richesse en azote ne sera pas nécessairement plus grande. J'ai constaté, en effet, que le dusolyte contient beaucoup moins d'azote que la tourbe, le lignite et que certaines houilles. Du reste, c'est seulement dans des circonstances très-exceptionnelles que les couches de combustibles ont une origine animale ; le plus ordinairement cette origine est exclusivement végétale.

Cela posé, considérons les cinq types principaux sous lesquels les combustibles se présentent dans la nature, savoir : le bois, le lignite, la houille, l'anthracite, le graphite.

---

[1] C. F. Naumann : *Lehrbuch der Geognosie*, 1858, t. I, p. 652.

L'observation nous apprend qu'un combustible végétal qui est fossilisé peut passer successivement par ces différents états ; il importe donc d'étudier les différentes phases de ce métamorphisme.

Propriétés physiques. — Si l'on considère d'abord le gisement, un combustible se présente en couches d'autant moins régulières qu'il est plus riche en carbone. Ainsi la houille est fréquemment redressée et disloquée. L'anthracite l'est plus fréquemment encore ; ses couches ont une épaisseur très-inégale : elles présentent souvent une série de gonflements et de rétrécissements qui les font ressembler à des ganglions. Le graphite ne forme plus que des lentilles ou des veines discontinues, quelquefois même des paillettes disséminées ; il est d'ailleurs enclavé dans des roches qui toutes ont pris la structure cristalline.

L'anthracite se montre également dans des roches qui généralement sont plus ou moins altérées ; tandis que la houille s'observe dans des roches non métamorphiques. Et, à plus forte raison, en est-il de même pour le lignite.

La structure devient de plus en plus compacte lorsqu'on passe à un combustible plus riche en carbone. L'origine végétale est de moins en moins reconnaissable, mais elle se retrouve cependant jusque dans l'anthracite. La dureté va successivement en augmentant. Il en est de même de la conductibilité pour l'électricité. La densité qui est inférieure à... 1 dans le bois, atteint ...1,5 dans le lignite et dans la houille, ...1,75 dans l'anthracite ; elle dépasse 2 dans le graphite. Entre les deux termes extrêmes de la série métamorphique des combustibles, la densité varie donc au moins du simple au double.

Propriétés chimiques. — La composition chimique présente des différences qui ne sont pas moins tranchées. Lorsque les combustibles sont traités par une lessive chaude de potasse, ils peuvent être attaqués ; ainsi le bois et le lignite donnent à la liqueur une coloration brune foncée ; mais déjà la houille produit à peine une coloration brunâtre, et avec l'anthracite il n'y en a plus aucune. Le résidu laissé dans la calcination en vase clos va successivement en augmentant depuis le bois et le lignite jusqu'au graphite. Afin de mettre bien en évidence les différences qu'ils présentent dans leur composition chimique, nous avons réuni dans un tableau les analyses des principaux types des combustibles.

I.   Bois de chêne desséché à 140°.

II. Lignite commun de Dax, dans les Landes (V. Regnault).

III. Houille du pays de Galles (de la Bèche et Playfair).

IV. Anthracite Lamure de (V. Regnault).

	CARBONE.	HYDROGÈNE.	OXYGÈNE.	AZOTE.	CENDRES.	SOMME.
I.	49,58	5,78	41,58	1,25	2,05	100,00
II.	70,49	5,59	18,93		4,99	100,00
III.	84,87	5,84	7,19	0,41	5,24	99,00
IV.	89,77	1,67	5,63	0,56	4,57	100,00

Le bois, qui est formé de carbone, oxygène, hydrogène et azote, s'enrichit successivement en carbone dans le métamorphisme. Les quatre substances qui le composent sont partiellement éliminées, mais d'une manière très-inégale. L'hydrogène, l'azote, et surtout l'oxygène vont en diminuant très-rapidement, tandis qu'au contraire le carbone augmente. Par suite, la proportion de matières volatiles et bitumineuses se réduit de plus en plus; elle est déjà très-faible dans l'anthracite. Cependant on trouve encore dans ce combustible de l'oxygène, de l'hydrogène et de l'azote. J'ai même constaté qu'il existe une trace d'azote jusque dans le graphite.

Le métamorphisme général subi par les combustibles est identique à celui qui est éprouvé au contact de roches non volcaniques. Toutefois, dans le métamorphisme général, les combustibles n'ont pas été imprégnés par des substances minérales, comme on l'observe au contact immédiat de roches trappéennes ou granitiques. Car le lignite, la houille, l'anthracite, forment souvent des couches d'une extrême pureté; et quand ces combustibles sont inexploitables, c'est seulement dans le voisinage de failles ou de brouillages, et alors ils sont devenus impurs par un mélange avec diverses substances, notamment avec de l'argile. Le graphite aussi est presque toujours mélangé avec les roches dans lesquelles il est encaissé, en sorte qu'il est rarement pur. Son mode de gisement s'explique très-bien : en effet, ses couches ont été ployées et retournées ; elles ont presque entièrement perdu leur forme primitive. En outre, il a souvent cristallisé dans les roches qui l'avoisinent.

Relation entre l'âge et les caractères des combustibles. — Les observations faites depuis longtemps sur les combustibles ont appris qu'il existe une relation entre leur âge et leurs caractères. Ainsi le lignite se trouve dans les terrains tertiaires ; la houille ou les combustibles qui s'en rapprochent s'exploitent au-dessous de ces terrains et dans les terrains houillers ; l'anthracite est généralement au-dessous du terrain houiller. Quant au graphite, il se rencontre essentiellement dans des roches métamorphiques à structure cristalline bien développée. Généralement un combustible est donc d'autant plus riche en carbone qu'il est plus ancien.

Il serait facile cependant de citer de nombreuses exceptions à cette loi ; car de véritables houilles ont été signalées dans les terrains jurassiques et triasiques de l'Inde, ainsi que de l'Amérique du Nord[1]. D'un autre côté, d'après les observations de M. de Verneuil, la houille s'exploite dans le terrain devonien du royaume de Léon et des Asturies.

Il arrive quelquefois que, dans un même bassin houiller, les couches de houille alternent avec des couches d'anthracite ; ce qui montre que la composition élémentaire d'un combustible et les plantes dont il provient doivent exercer aussi de l'influence sur son métamorphisme.

Enfin, lorsqu'on étudie à la loupe la structure de la houille, on y voit dans certains cas des veines noires éclatantes, qui sont formées par une houille plus pure et même par de l'anthracite[2]. Le lignite peut également présenter la même structure. Maintenant le graphite s'observe dans les roches méta-

---

[1] D'Archiac : *Histoire des progrès de la géologie*, t. VII.
[2] Burat : *De la Houille.*

morphiques, et, par suite, il s'est formé à différentes époques.

L'âge a donc modifié de la manière la plus évidente les caractères des combustibles ; mais ces caractères peuvent aussi avoir été modifiés par divers agents ; ils dépendent même de la nature des végétaux qui ont produit les couches par leur accumulation. Les combustibles ont d'ailleurs participé à toutes les métamorphoses des roches qui leur sont associées.

Métamorphisme des combustibles. — Comment expliquer maintenant le métamorphisme général des combustibles? On l'avait surtout attribué à la chaleur centrale ; toutefois cette hypothèse ne saurait être admise.

La chaleur à laquelle ils ont été soumis résultait de leur profondeur au-dessous du sol ; mais il ne paraît pas qu'elle fût indispensable à la formation de la houille et de l'anthracite, car ces combustibles s'observent dans des bassins, comme ceux du Plateau Central, qui sont toujours restés émergés ; ils s'observent aussi dans des bassins dont les roches ne paraissent pas avoir subi de métamorphisme.

En outre, bien qu'on trouve du coke près du contact des roches volcaniques, on n'a jamais rencontré des couches entières de combustibles qui aient été changées en coke par la chaleur centrale.

Les végétaux qui ont donné naissance aux combustibles ont d'abord été ramollis et en partie décomposés par une longue macération dans l'eau. Leur densité a augmenté par suite de la compression à laquelle ils ont été soumis. Leurs matières bitumineuses ont été éliminées peu à peu, toutefois elles ne se sont pas dégagées par volatilisation. Elles ont été dissoutes très-lentement par l'eau souterraine qui s'est infiltrée à travers les combustibles pendant l'incalculable durée des temps géologiques. Elles devaient résister très-inégalement, suivant la nature des végétaux qui composaient les combustibles, suivant la perméabilité des roches qui les recouvraient, suivant les conditions de leur gisement. C'est ce qui explique comment des schistes très-anciens, tels que les schistes siluriens de la Bohême et de Kinnekulle en Scandinavie, renferment encore une forte proportion de matières bitumineuses.

Quel que soit l'âge des combustibles, lorsqu'ils sont enclavés dans des roches qui ont pris la structure cristalline, les matières bitumineuses ont toujours disparu.

A mesure qu'on descend dans la série des terrains, les combustibles deviennent plus compactes et plus denses. Ils s'appauvrissent en hydrogène, en azote et surtout en oxygène; ils s'enrichissent, au contraire, en carbone. Ce métamorphisme est le résultat d'opérations chimiques complexes, dans lesquelles il se perd une partie du carbone lui-même. D'abord les composés produits par la fossilisation, qui renferment la plus grande partie de l'oxygène, de l'hydrogène et de l'azote, sont entraînés ou même dissous par l'eau; cette dernière s'infiltre, d'ailleurs, à travers les combustibles, et son action est secondée par les substances salines ou alcalines qu'elle tient en dissolution. En outre, les éléments des combustibles réagissent l'un sur l'autre et sur les substances en présence desquelles ils se trouvent; ils produisent des combinaisons liquides ou gazeuses qui sont alors facilement éliminées. Il peut se former notamment de l'hydrogène carboné, de l'acide carbonique, et de l'eau. Le dégagement si fréquent de l'hydrogène carboné dans les mines de houille, celui de l'acide carbonique, qu'on trouve aussi fixé dans le carbonate de fer, compagnon habituel des combustibles, montrent bien qu'une partie au moins de l'hydrogène, du carbone et de l'oxygène peuvent se perdre de cette manière[1].

Les degrés successifs du métamorphisme des combustibles sont représentés par le bois, le lignite, la houille, l'anthracite et le graphite. Mais lorsqu'il s'est formé du graphite, les roches associées ont toujours subi un métamorphisme énergique, caractérisé par le développement de la structure cristalline. Le diamant lui-même, qui s'observe dans des quartzites et dans des schistes cristallins, doit sans doute son origine à des matières organiques qui ont éprouvé un métamorphisme particulier.

[1] G. Bischof : *Lehrbuch der ch. und phys.;* Steinkohlen. — J. Liebig : *Chimie appliquée à la physiologie végétale.* — Ronald and Richardson, *Chemical technology,* t. I, p. 31 ; Jukes, *Manual of geology,* p. 120.

ROCHES AVEC BORE.

Les borates sont connus dans les terrains stratifiés de différents âges, et ils se forment encore à l'époque actuelle. Comme ce sont des minéraux d'une composition exceptionnelle et très-différente de celle des roches qui les accompagnent, on peut se proposer de rechercher ce qu'ils deviennent dans le métamorphisme.

Or, dans les terrains stratifiés normaux, le bore est à l'état d'acide borique libre, de borates ou d'hydroborates ayant pour base la soude, la chaux, la magnésie, l'ammoniaque.

Dans les terrains stratifiés métamorphiques, au contraire, on n'a jusqu'à présent signalé aucun de ces composés. Cependant le bore n'a pas complétement disparu des terrains métamorphiques ; plusieurs minéraux, notamment la tourmaline, l'axinite, certains micas, la datholite en contiennent encore.

Remarquons, de plus, que ces minéraux sont même assez fréquents dans les roches métamorphiques ; car la tourmaline et l'axinite sont très-souvent disséminées de la manière la plus intime dans le quartzite, dans le schiste talqueux et chloritique, ainsi que dans le gneiss et dans le micaschiste. D'un autre côté la datholite s'observe dans le gneiss et dans les gîtes métamorphiques, comme celui d'Utö en Suède.

La warwickite est en gros cristaux qui se sont développés dans un calcaire cristallin près d'Edenville (New-York).

Il nous paraît donc probable que le métamorphisme a fait entrer l'acide borique libre et celui des borates normaux, qui étaient plus ou moins solubles, dans des combinaisons insolubles et beaucoup moins faciles à décomposer, telles que le borosilicate de chaux (datholite), le borotitanate de magnésie (warwickite).

Tous ces minéraux métamorphiques contenant du bore sont, d'ailleurs, bien cristallisés, comme les roches dans lesquelles ils se sont développés ; en outre, ils se montrent dans des roches métamorphiques très-variées.

ROCHES DE CHAUX PHOSPHATÉE.

L'acide phosphorique se rencontre fréquemment dans les terrains stratifiés ; il est le plus souvent combiné à la chaux, il forme des nodules, des veines, et quelquefois des couches. Dans une étude sur la chaux phosphatée, M. Élie de Beaumont a fait voir qu'elle se trouve depuis les terrains les plus anciens jusqu'aux plus modernes, et qu'elle peut être exploitée avec grand avantage pour l'agriculture.

Dans les roches normales, et telle qu'elle a été déposée par les eaux, la chaux phosphatée est généralement amorphe ou terreuse. Dans des roches métamorphiques, au contraire, elle est toujours bien cristalline ; c'est même un des minéraux les plus remarquables par la netteté et par les grandes dimensions de ses cristaux.

Elle est d'ailleurs répandue dans toutes les roches stratifiées métamorphiques, qu'elles soient calcaires, siliceuses ou argileuses. Ainsi, on la trouve dans le calcaire cristallin, à Pargas, à Achmatowsk, dans l'Oural, dans le comté Saint-Laurent, dans l'état de New-York et dans un grand nombre de points des États-Unis ; elle est disséminée dans le micaschiste, sur les flancs du Saint-Gothard, à Snarum, en Norwége, et dans le New-Hampshire.

On l'observe dans le schiste chlorité au Zillerthal, dans le Tyrol et dans l'Oural ; dans le schiste talqueux de Greiner ; dans le schiste amphibolique de Sterzing ; dans les gneiss de Fribourg en Brisgaw ; de Joachimsthal, en Bohême ; de Sturbridge, dans le Massachusets.

La chaux phosphatée n'est du reste pas limitée aux terrains stratifiés ; elle se retrouve aussi dans les roches anormales et dans les roches éruptives. Dans ces dernières roches, elle est également bien cristallisée. Elle se montre, non-seulement dans les roches plutoniques, mais encore dans les roches volcaniques.

En résumé, lorsque la chaux phosphatée s'est trouvée dans

des roches quelconques, stratifiées, ou non stratifiées, qui ont pris par le métamorphisme la structure cristalline, elle n'a pas été décomposée, mais sa structure cristalline s'est également développée.

ROCHES DE CHAUX SULFATÉE.

Quel que soit leur gisement, les roches de chaux sulfatée présentent généralement une structure cristalline; du reste, il n'y a pas lieu de s'en étonner, si l'on observe que le gypse, ainsi que l'anhydrite, se dissout avec facilité dans l'eau ; tandis qu'il n'en est pas de même pour les autres minéraux qui constituent les roches.

GYPSE.

Considérons particulièrement le gypse. Il se montre souvent en cristaux très-nets dans les roches argileuses. Ainsi, il est en fer de lance ou en cristaux mâclés qui atteignent plusieurs décimètres dans les marnes du gypse, aux environs de Paris. Ces cristaux sont groupés autour de centres et ne sont pas contemporains du dépôt des couches. Comme l'a remarqué M. G. Bischof, ils résultent visiblement d'actions moléculaires qui se sont exercées sur le gypse disséminé dans les marnes à mesure qu'il entrait en dissolution, et qui l'ont réuni autour de centres de cristallisation. Maintenant, les roches argileuses étant à un grand état de mollesse à l'intérieur de la terre, on comprend que les cristaux de gypse pouvaient par cela même s'y développer librement. Dans toutes les argiles et dans les marnes qui contiennent de la pyrite de fer, on trouve d'ailleurs des cristaux limpides de gypse. Ils se sont formés de la même manière que dans les roches imprégnées de gypse, seulement ils proviennent alors de la sulfatisation de la pyrite dont l'acide sulfurique s'est combiné avec la chaux du carbonate, en sorte qu'ils résultent d'une double décomposition.

GYPSE FIBREUX.

Les terrains gypseux sont aussi traversés par des veines de gypse fibreux comme on en observe si souvent dans les marnes irisées. Le gypse de ces veines est blanc et généralement très-pur ; il présente des fibres qui se réunissent symétriquement autour de la ligne médiane de ces veines et qui sont transversales à leurs parois. Leur gisement est tout à fait le même que celui du chrysotil dans la serpentine, et elles se sont formées par sécrétion.

GYPSE CRISTALLIN.

Mais le gypse ne se montre pas seulement en cristaux isolés dans des roches argileuses, il peut encore former des couches ou des amas qui ont une structure entièrement cristalline. Et cependant les roches qui lui sont associées sont à l'état normal. Il est facile de s'en rendre compte ; car le gypse dissous dans l'eau a une très-grande tendance à prendre une structure cristalline. Lors donc qu'il était peu mélangé d'argile dans les lacs où il se déposait, il devait immédiatement former des cristaux. C'est pourquoi le gypse de tous les terrains est toujours plus ou moins cristallisé, tantôt grenu, tantôt en grandes lames. Ainsi, aux environs de Paris, au mont Mesly et sous Montmartre, nous trouvons du gypse en couches de plusieurs mètres d'épaisseur, qui sont formées uniquement de gros cristaux transparents ayant une blancheur éclatante.

Si le gypse s'est généralement déposé à l'état cristallin, ses cristaux se sont aussi développés postérieurement, et, par conséquent, par métamorphisme. En effet, lorsqu'on examine les bancs de gypse qui appartiennent à la basse masse dans le terrain de gypse parisien, on y distingue des veines parallèles de différentes couleurs, qui marquent encore les traces de la stratification. Mais de la partie inférieure et supérieure de ces bancs partent des cristaux qui traversent indistinctement plusieurs veines ; ils divergent autour de centres et atteignent un ou deux décimètres. Lorsqu'ils ont de petites dimensions, il méritent assez bien le nom de *pieds d'alouettes*, qui leur a été donné par les ouvriers.

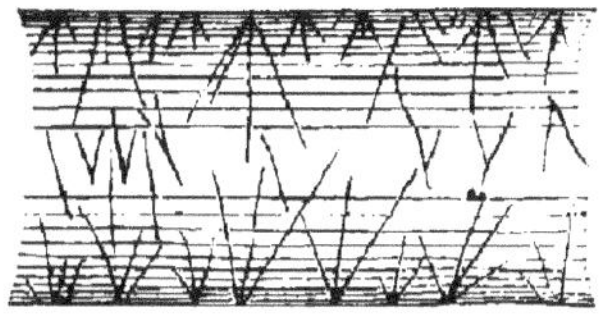

Le gypse en cristaux transverses à la stratification a cristallisé postérieurement à son dépôt; sa formation peut être comparée à celle de la chaux carbonatée spathique, dont les lamelles traversent l'épaisseur des stalactites et les zones concentriques produites par l'infiltration.

Lors même qu'il est associé à des roches non métamorphiques, le gypse est souvent complétement blanc et cristallin; il peut quelquefois contenir de la boracite en cristaux très-nets; il renferme aussi du quartz, qui est surtout fréquent dans le gypse des marnes irisées.

Ce quartz se montre en cristaux terminés à leurs deux extrémités, et présentant la réunion du prisme hexagonal régulier avec le dodécaèdre bipyramidé.

L'arragonite est souvent associée au quartz; elle s'observe notamment dans le gypse des Pyrénées et de l'Espagne; elle se présente en cristaux maclés, bien connus, qui atteignent souvent de grandes dimensions. On sait d'ailleurs, depuis les recherches de M. G. Rose, qu'une température, même ordinaire, suffit à la production de l'arragonite.

Le gypse blanc et cristallin avec boracite, quartz et arragonite, n'est pas nécessairement métamorphique : les minéraux qu'il renferme se sont sans doute formés au moment de son dépôt, qui aurait eu lieu dans une eau minérale un peu chaude.

GYPSE SACCHAROIDE.

Quels sont alors les effets produits sur le gypse par le métamorphisme général? Pour les étudier, il est nécessaire de nous transporter dans la région classique des roches métamorphiques, c'est-à-dire dans les Alpes.

Ainsi, dans le val Camaria, au sud du Saint-Gothard, j'ai observé un gypse qui présente des caractères tout spéciaux. Il est en couches irrégulières, enclavées dans les schistes cristallins qui s'étendent sur tout ce versant des Alpes; par conséquent il a participé au métamorphisme énergique qu'ils ont subi.

Or ce gypse est saccharoïde; il présente des petits grains cristallins qui se sont accolés l'un à l'autre, et sa couleur blanche le fait ressembler tout à fait au marbre de Carrare. Il est surtout caractérisé par la présence d'un mica magnésien, ayant une belle couleur rouge cuivrée. Ce mica est identique à celui qui s'est formé dans le calcaire saccharoïde, et, dans un travail précédent, j'ai fait connaître sa composition[1]. Il est parallèle à la stratification, mais n'a pas été transporté par les eaux; il s'est, au contraire, développé dans le gypse en même temps que dans les schistes cristallins. Près du contact avec les roches encaissantes, on peut aisément reconnaître que le mica du gypse prend une couleur plus foncée indiquant qu'il est plus riche en fer; en même temps il devient plus abondant et forme un véritable micaschiste.

D'autres minéraux se sont encore développés dans ce gypse saccharoïde, notamment le talc et divers sulfures métalliques; mais c'est surtout le mica qui caractérise le gypse métamorphique.

En résumé, le gypse soumis au métamorphisme général prend la structure cristalline, lorsqu'il ne l'avait pas antérieurement; il devient blanc, saccharoïde, et, en même temps, du mica magnésien peut s'y développer, comme dans le calcaire métamorphique.

Il importe d'observer que ce gypse ne s'est pas changé en anhydrite; car, quand on l'examine sur les lieux, on y voit des veines bien régulières de mica: or elles auraient été disloquées par l'augmentation de volume produite au moment où

---

[1] Calcaire saccharoïde : *Annales des mines*, 1851, t. XX, p. 141.

l'anhydrite se serait de nouveau transformée en gypse ; par conséquent, lorsque le métamorphisme général a eu lieu, la température devait être inférieure à celle à laquelle le gypse perd son eau, c'est-à-dire à 120 degrés. La structure cristalline prise par le gypse et le développement du mica doivent être attribués aux actions moléculaires.

ANHYDRITE.

Quant à l'anhydrite, elle se compose de la même manière que le gypse. Le plus généralement, elle a déjà la structure cristalline, même lorsqu'elle est en couches dans des terrains stratifiés non métamorphiques.

Mais lorsqu'elle est intercalée dans des roches métamorphiques, elle devient aussi blanche, grenue et saccharoïde ; elle peut ressembler, à s'y méprendre, au marbre blanc, et elle s'emploie, en effet, comme marbre. L'anhydrite qui s'exploite dans les Alpes du Dauphiné et de la Savoie, celle qui se trouve dans le micaschiste du val Canaria, présentent le type de l'anhydrite métamorphique.

ROCHES CALCAIRES.

Les roches calcaires et dolomitiques que nous allons étudier maintenant se comportent à peu près comme les roches de chaux sulfatée lorsqu'elles sont soumises au métamorphisme général.

Pour apprécier les effets de ce métamorphisme, il est nécessaire d'examiner d'abord les calcaires dans des roches qui n'ont aucunement été altérées. Il est facile de constater que le calcaire s'y présente le plus généralement à l'état amorphe. Tantôt il est désagrégé et pulvérulent, comme la craie ; tantôt ses parcelles ont été fortement cimentées, et alors il devient très-compacte, comme le calcaire lithographique.

Dans ces deux types extrêmes il est resté amorphe, mais il peut aussi devenir plus ou moins cristallin, lors même qu'il n'a pas été soumis au métamorphisme général.

En effet, les oolithes et les pisolithes présentent des fibres radiées qui indiquent une tendance à la structure cristalline. Les stalactites et les stalagmites qui se forment dans les grottes sont toujours plus ou moins cristallines. D'ailleurs, certaines couches sont formées de lamelles entre-croisées de calcaire spathique; sans quitter le bassin de Paris, citons les caillasses du calcaire grossier qui sont composées de chaux carbonatée spathique, blanche ou brun jaunâtre, laquelle est associée à du quartz.

Les recherches de M. G. Rose ont montré de plus que les mollusques peuvent secréter, soit de la chaux carbonatée, soit de l'arragonite. Leurs têts calcaires sont quelquefois fibreux, comme les rostres de bélemnites et les coquilles d'inocérames; ils sont le plus souvent lamelleux et spathiques, comme on l'observe très-bien dans les crinoïdes et dans les échinodermes.

Il est donc certain que le calcaire peut prendre une structure cristalline au moment de son dépôt. Il peut aussi la prendre postérieurement à son dépôt et lors même qu'il se trouve dans des roches non métamorphiques. Cette structure se développe généralement d'autant plus facilement que le calcaire est plus pur; elle est due aux actions moléculaires qui s'exercent dans le calcaire lorsqu'il est rendu tendre et semi-plastique par la pression et par l'eau qui le pénètre à l'intérieur de la terre.

Voyons maintenant quels sont les caractères du calcaire métamorphique proprement dit. De même que le gypse et les combustibles, il présente une série de types qui varient d'une manière continue entre deux termes extrêmes, le calcaire et le calcaire saccharoïde.

Le calcaire métamorphique s'observe dans un grand nombre de régions, parmi lesquelles il suffira de citer les Pyrénées, les Vosges, la Scandinavie et surtout les Alpes.

Autour des montagnes gigantesques qui forment les Alpes rayonnent des vallées à la fois profondes et allongées dans lesquelles on peut suivre facilement les altérations successives du calcaire métamorphique. Dans la Suisse elles ont particulièrement été étudiées avec le plus de soin, grâce aux recherches de ses géologues, parmi lesquels il faut surtout citer de Saussure, Studer, A. Favre, Escher de la Linth.

Le calcaire a été métamorphosé sur une longueur de plusieurs lieues. Ses couches conservent d'abord leur régularité, mais elles la perdent à mesure qu'on se rapproche du centre des montagnes. Elles forment ensuite des lentilles ou des ganglions qui sont enclavés dans les roches granitiques et métamorphiques. Les fossiles peuvent quelquefois se conserver, même dans le calcaire qui se trouve avec le quartzite, le micaschiste et le gneiss, c'est-à-dire au milieu de roches qui ont été fortement métamorphosées. Ainsi, au col de la Nuffenen, on trouve un calcaire métamorphique qui est précisément dans ce cas, et qui contient encore des bélemnites.

Dans les hautes régions des Alpes, le calcaire présente des caractères bien constants qui ont été signalés depuis longtemps par les géologues suisses. Il se divise en fragments pseudo-réguliers. Sa structure cristalline augmente d'une manière insensible. Il est plus fortement cimenté, plus lithoïde, plus sonore. Sa couleur devient plus pâle et passe du noir au gris par la disparition des matières bitumineuses qui l'imprégnaient. Enfin il peut même se métamorphoser en un agrégat de cristaux microscopiques et passer à un calcaire blanc saccharoïde.

Le calcaire métamorphique prend quelquefois des couleurs très-vives et, d'un autre côté, il est susceptible d'un beau poli ; on comprend, d'après cela, qu'il fournisse les marbres les plus renommés. Ses couleurs sont dues à diverses substances minérales ou organiques disséminées, et généralement à l'oxyde de fer qui s'y trouve à l'état d'oxyde ou de carbonate. Qu'il nous suffise de mentionner le sarrancolin, le campan, le framont, la brèche africaine, le bleu turquin, le cipollin et enfin le marbre blanc[1].

CALCAIRE SACCHAROÏDE.

A cause de ses nombreux usages, le marbre blanc ou statuaire mérite une attention spéciale ; c'est le type du calcaire saccharoïde et il représente, d'ailleurs, le terme extrême du

[1] Voir, pour les détails sur ces marbres : *Rapport sur les matériaux de construction, des expositions universelles de* 1855, 1862 et 1867 par M. Delesse.

métamorphisme. Les Grecs l'ont surtout exploité à Paros, mais les modernes le tirent presque exclusivement de Carrare, dans les Alpes Appuennes. Dans ces gisements, il appartient visiblement aux roches métamorphiques, et il ne résulte pas d'un métamorphisme spécial, mais général. Ainsi, dans les Alpes Appuennes il se trouve loin de toute roche éruptive, et l'étude de ses couches a permis de constater qu'il provient de la métamorphose d'un calcaire du lias.

Si le calcaire soumis au métamorphisme général était parfaitement pur, il prendrait simplement la structure cristalline; mais il est toujours mélangé à diverses substances qui se sont déposées en même temps que lui et qui tendent elles-mêmes à former de nouveaux minéraux. Aussi est-il peu de roches qui soient plus riches en minéraux que le calcaire métamorphique.

Ces minéraux ne sont pas disséminés au hasard; ils se sont généralement développés dans le sens de la schistosité du calcaire; ils forment des nodules, des veines et quelquefois des filons. Parmi les principaux, je citerai le graphite, qui se montre en paillettes noires disséminées dans presque tous les marbres blancs. Sa présence doit être attribuée aux matières bitumineuses ou organiques qui se trouvaient dans le calcaire normal.

Le quartz en cristaux d'une limpidité parfaite tapisse les druses du marbre de Carrare.

Le plus ordinairement le calcaire saccharoïde renferme des silicates très-variés, qui sont : l'andalousite, le disthène, la wollastonite, l'edelforsite, la serpentine, le talc, le grenat, l'idrocrase, le pyroxène, l'amphibole, l'épidote, la chlorite, la pyrosklérite, la paranthine, les micas, les feldspaths, la condrodite, la sodalite. Ces minéraux peuvent provenir des roches siliceuses et argileuses mélangées au calcaire.

Parmi ces silicates, le mica réclame une attention toute spéciale; car il apparaît, pour ainsi dire, dès qu'un calcaire commence à prendre la structure cristalline; il ressemble alors à du talc, avec lequel on le confond généralement. C'est cependant une variété de mica séricite qui est en lamelles larges et très-minces, parallèles à la schistosité du calcaire. Il est transparent, son éclat est soyeux; il a une couleur blanche, grisâtre, verdâtre, qui varie avec la proportion d'oxyde de fer. Le calcaire devient-il fortement cristallin, le mica se montre encore; mais il est en lamelles plus nettes, d'une couleur verte, rougeâtre ou brunâtre. Quand ce calcaire cristallin et micacé est employé comme marbre, on lui donne le nom de cipollin. Le mica se retrouve, d'ailleurs, presque invariablement dans le calcaire métamorphique, même dans le marbre statuaire.

Le spinelle, le corindon, le fer oxydulé, la pyrite, et notamment la pyrite magnétique, sont encore assez fréquents dans le calcaire métamorphique. Il faut y joindre la chaux fluatée, ainsi que la chaux phosphatée; et, d'après M. Dana, le fluor et l'acide phosphorique ont été fournis par les mollusques et par les animaux dont les dépouilles étaient renfermées dans le calcaire. J'ai, du reste, constaté que le calcaire métamorphique dans lequel se sont développés des minéraux très-magnésiens, tels que le mica, le pyrosklérite, le pyroxène, l'amphibole, le grenat, le spinelle, peut très-bien ne pas contenir de magnésie. Il est donc visible que, lorsqu'il s'est formé, la magnésie avait une grande tendance à se combiner à la silice [1].

Lorsque le métamorphisme subi par le calcaire est très-énergique, sa structure cristalline est très-développée ; il devient alors saccharoïde, prend une couleur blanche et passe quelquefois à l'état de marbre statuaire ; il contient souvent une grande quantité de minéraux. Il est d'ailleurs d'autant plus cristallin que les roches avec lesquelles il est associé le sont elles-mêmes davantage : ainsi, le calcaire associé au schiste argileux, au micaschiste, au gneiss, présente dans la structure cristalline une gradation qui est en rapport avec celle de ces roches.

Forme arrondie des minéraux dans le calcaire métamorphique.

Les minéraux qui se sont développés dans le calcaire métamorphique offrent souvent une forme arrondie. Comme le

[1] Calcaire saccharoïde : *Annales des mines*, 1851, t. XX, p. 141.

remarque M. C. F. Naumann, le pyroxène, l'amphibole (pargasite), le grenat, la condrodite, le spinelle, l'apatite, peuvent avoir leurs faces plus ou moins déformées ou courbes ; il arrive même qu'ils se réduisent à des grains arrondis et brillants autour desquels le calcaire se moule très-exactement. Naturellement on est porté à comparer ces minéraux en grains à une matière fondue ; mais leur forme arrondie ne suppose cependant pas une chaleur capable de les amener à la fusion. Qu'on suppose, en effet, ces minéraux à l'état plastique, comme cela devait nécessairement avoir lieu au moment de la cristallisation, leur forme arrondie pourra s'expliquer par des actions moléculaires et répulsives qui s'exerçaient entre le calcaire et les minéraux qu'il renferme. Du reste, dans certaines roches, notamment dans le porphyre quartzifère, on voit quelquefois le quartz ou le feldspath présenter une forme arrondie et même ressembler à des gouttelettes. Ajoutons enfin que la serpentine, la pyrosklérite, le talc, la chlorite et, en général, les minéraux hydratés, ne permettent pas de supposer que le calcaire métamorphique dans lequel ils s'observent si souvent ait été fondu par la chaleur.

Il me paraît probable que l'eau, la pression, ainsi que la chaleur, auront contribué à rendre le calcaire plastique. Les actions moléculaires, qui étaient très-énergiques, auront alors déterminé sa cristallisation et celle des nombreux minéraux qu'il renferme. Les éléments nécessaires à ces minéraux ont d'ailleurs été fournis par le calcaire et par les substances qui lui sont mélangées. La plupart des minéraux qui ont cristallisé dans le calcaire métamorphique sont, en effet, à base de chaux. Quant à la magnésie, elle peut provenir, soit du calcaire lui-même, soit de matières argileuses. Il est bon d'observer qu'elle s'est combinée surtout avec la silice, et que le calcaire ne renferme pas nécessairement de la magnésie, lors même qu'il est très-riche en minéraux magnésiens. Tout porte à croire, cependant, que le calcaire métamorphique contient d'autant plus de ces derniers minéraux qu'il avait d'abord plus de magnésie.

Les roches calcaires sont habituellement très-riches en fos-

siles, et elles forment des couches bien régulières qui couvrent
de grandes étendues. L'observation de ces couches a montré
que le calcaire métamorphique peut provenir de divers terrains ; il ne représente pas le calcaire primitif (*urkalkstein*),
comme on le croyait autrefois, à cause de son association à des
roches regardées comme étant les plus anciennes ; il ne correspond même pas à une époque géologique déterminée. De plus,
aucune différence essentielle ne s'observe entre les calcaires
métamorphiques, quel que soit le terrain auquel ils ont d'abord
appartenu ; aussi, lorsqu'il n'est pas possible de suivre le développement successif de leur structure cristalline, leur âge ne
saurait être déterminé exactement. Le plus souvent, du reste,
les fossiles qui servent à fixer cet âge ont disparu par suite de
la cristallisation ; en outre, les caractères du calcaire métamorphique résultent seulement de sa composition originaire et de
l'énergie du métamorphisme auquel il a été soumis. Il n'est
donc pas étonnant que ces caractères restent les mêmes pour
des calcaires métamorphiques d'âges très-différents.

ROCHES DOLOMITIQUES.

Les roches dolomitiques, lorsqu'elles sont soumises au métamorphisme général, deviennent tellement semblables aux
roches calcaires que leur détermination présente quelques
difficultés.

Considérons d'abord les roches dolomitiques à l'état normal,
sans rechercher leur origine première. L'observation nous
apprend qu'elles forment des couches bien régulières, et quelquefois des amas qu'on rencontre dans toute la série des terrains ; elles se sont incontestablement déposées au sein des
eaux. Leur structure est généralement plus cristalline que
celle du calcaire, et même il est rare qu'on n'y distingue pas
des lamelles spathiques ayant l'éclat nacré qui est particulier à
la dolomie. Souvent encore elles présentent un agrégat de
cristaux, ce qui les rend grenues ; elles sont aussi cariées et
caverneuses, et elles portent alors le nom de cargneules. Leur
composition n'est pas toujours celle de la dolomie ; elles ren-

ferment une quantité de magnésie tantôt plus grande et tantôt plus petite que celle de ce minéral. Certaines couches appartenant à des terrains stratifiés sont même uniquement formées de carbonate de magnésie.

Toujours est-il que les roches dolomitiques, même lorsqu'elles sont à l'état normal, présentent souvent une structure cristalline. Leurs cavités sont tapissées de rhomboèdres de dolomie, et même la roche entière peut être formée de lamelles spathiques entre-croisées.

DOLOMOSIE SACCHAROIDE.

Que l'on suppose maintenant ces roches soumises à un métamorphisme énergique; leur couleur, qui était grise ou brune, deviendra blanche; elles subiront une nouvelle cristallisation, et elles passeront à l'état de marbre blanc, qui sera tantôt grenu, tantôt lamelleux. La dolomie de Campo-Longo, sur le versant sud du Saint-Gothard, nous offre un exemple remarquable de dolomie métamorphique; elle forme une couche bien régulière, qu'il est facile de suivre sur de grandes distances et qui a participé au métamorphisme des schistes cristallins dans lesquels elle est intercalée.

Dans la Saxe, dans la Silésie, M. C. F. Naumann a signalé des dolomies métamorphiques qui ressemblent tellement à du calcaire blanc et saccharoïde, que l'analyse seule a permis de constater que leur composition se rapportait à la dolomie.

MAGNÉSITE SACCHAROIDE.

Il en est de même pour la magnésite ou carbonate de magnésie. Un gisement de ce minéral a été signalé dans le terrain de transition de Gloggnitz, en Autriche; en outre, les terrains métamorphiques du Canada renferment du carbonate de magnésie, qui est devenu blanc, complétement cristallin, et qui contient seulement quelques centièmes de protoxyde de fer[1].

[1] Sterry Hunt; *Esquisse géologique du Canada;* Delesse, *Rapport sur les matériaux de construction de l'exposition universelle de 1855,* p. 516.

Lorsque les carbonates de chaux et de magnésie sont soumis au métamorphisme général, ils prennent donc absolument les mêmes caractères; toutefois, plus il y aura de magnésie dans des carbonates, plus le développement des minéraux magnésiens y deviendra facile; par suite, il n'est pas étonnant que ces minéraux soient très-abondants dans la dolomie et dans le calcaire magnésien métamorphique.

Les causes qui ont métamorphosé les roches dolomitiques sont d'ailleurs les mêmes que pour les roches calcaires.

ROCHES SILICEUSES.

Quelles sont maintenant les métamorphoses subies par les roches siliceuses qui composent une grande partie des terrains stratifiés? Ces roches sont essentiellement formées de débris remaniés de quartz ou de silice, qui est à différents états, et qui provient des matériaux composant l'écorce terrestre; toutefois, il est rare qu'elles ne soient pas plus ou moins mélangées de parcelles calcaires ou argileuses, qui tendent alors à apporter quelque complication dans le métamorphisme.

Si nous considérons d'abord les roches siliceuses regardées comme étant à l'état normal, nous verrons que le quartz y cristallise avec la même facilité que la chaux carbonatée. On sait, en effet, que les cavités des silex et des grès sont souvent tapissées de cristaux très-limpides de quartz. La formation de ces cristaux s'explique aisément par la solubilité de la silice dans l'eau.

GRÈS CRISTALLIN.

Le quartz peut, d'ailleurs, se déposer en cristaux dans les terrains stratifiés; et déjà nous l'avons signalé dans le gypse et dans les caillasses. M. Naumann a constaté également que des couches de sable appartenant au terrain à lignite de l'Allemagne sont entièrement formées de grains cristallins de quartz. De plus, il a observé des grès qui présentent absolument la même particularité. Chaque grain de quartz est alors un cristal, quelquefois même il est complet ; ses faces sont seulement oblitérées vers le contact avec les grains voisins. Les grains qui sont le mieux cristallisés ont la forme d'un prisme hexagonal régulier, et portent aussi des troncatures sur les arêtes moyennes. Parmi les grès cristallins, M. Naumann cite le millstone gris et le grès carbonifère d'Écosse, le grès des Vosges et le grès bigarré signalé déjà par M. Élie de Beaumont, le quadersandstein, et enfin certains grès tertiaires. Le grès quartzeux et cristallin se retrouve donc dans toute la série des terrains.

La formation de ces grès se laisse expliquer de deux manières. D'abord le quartz a pu se déposer lentement au fond de l'eau et cristalliser par précipitation chimique; c'est ce qui a dû avoir lieu notamment quand le quartz est en petits cristaux isolés et non cimentés. Mais cette hypothèse n'est pas admissible lorsqu'il s'agit de grès dont les grains atteignent de grandes dimensions et ont visiblement été roulés. Ainsi le grès bigarré et surtout le grès vosgien sont des roches clastiques : par conséquent, lorsque leurs grains de quartz présentent une forme cristalline, elle doit provenir d'une cristallisation postérieure à leur dépôt. L'oblitération des faces des cristaux au contact des grains s'explique alors aisément ; tandis qu'en supposant un dépôt chimique, les grains auraient dû conserver leurs faces, même près du contact. Les considérations déjà développées à plusieurs reprises dans ce Mémoire permettent, d'ailleurs, de comprendre cette cristallisation postérieure du quartz, même dans les roches qui ne sont pas regardées comme métamorphiques. En effet, l'examen de certains grès ou poudingues, notamment de ceux du grès vosgien, montre que, dans l'intérieur de la terre le quartz peut être ramolli, et qu'il acquiert même une certaine plasticité. Sous l'influence des fortes pressions qu'il supporte, il se laisse alors déformer, et il s'écrase comme une matière pâteuse; par suite, sa structure cristalline doit se développer. En même temps ses grains se soudent facilement l'un à l'autre. Je pense que le plus souvent la cristallisation du quartz dans les grès résulte d'un ramollissement qui aurait été opéré par l'eau et par la pression, de manière à permettre le jeu des actions moléculaires[5].

Les roches de quartz semblent, d'ailleurs, cristalliser plus facilement que les autres roches stratifiées ; car les grès cristallins sont quelquefois associés à des calcaires et à des argiles qui ne portent aucune trace de métamorphisme et qui sont même à l'état normal.

SCHISTE SILICEUX.

Les roches siliceuses qui sont schisteuses peuvent devenir très-compactes, et même elles passent au schiste siliceux ; mais, quelle que soit leur richesse en silice, leur métamorphisme ne diffère pas de celui que le schiste proprement dit éprouve dans les mêmes circonstances, et nous nous en occuperons avec les roches argileuses.

QUARTZITE.

Lorsque les roches siliceuses sont soumises à un métamorphisme plus énergique, la silice se change en quartz hyalin, et, de plus, il se développe d'autres minéraux, notamment du mica. La roche qui se forme alors est le quartzite. Elle se présente en couches qui ont conservé leur stratification et quelquefois même une grande régularité. Elle est habituellement associée aux schistes cristallins et aux roches métamorphiques les mieux caractérisées.

Son examen minéralogique montre que le quartz du quartzite est en petits grains hyalins, cristallisés, qui sont tantôt soudés l'un à l'autre et tantôt s'égrènent avec facilité.

Le mica est le minéral qui caractérise par excellence le quartzite, car il le distingue du grès cristallin. Bien que ses lamelles soient parallèles à la stratification, elles n'ont pas été déposées par l'eau, et elles ne proviennent pas de la destruction des roches granitiques ; elles ont des caractères tout différents de ceux

---

[1] Recherches sur l'origine des roches : *Bulletin de la Société géologique,* 2ᵉ série, t. XV, p. 732.

qu'offre le mica de ces roches, et elles se sont développées par métamorphisme au moment où le quartz a lui-même cristallisé, Le mica du quartzite présente une couleur blanche, rougeâtre, grise ou verte ; son éclat est nacré et soyeux. Il est très-doux au toucher, et quand sa couleur est verte, il ressemble beaucoup au talc, avec lequel on l'a souvent confondu. Ses lamelles peuvent être très-petites et surtout extrêmement minces. Ce mica est une variété de damourite ou de séricite.

Parmi les gisements dans lesquels le quartzite est bien caractérisé et résulte visiblement du métamorphisme, je citerai la Furka, entre le Grimsel et Hospenthal Du reste, il se rencontre fréquemment dans toutes les contrées classiques pour le métamorphisme, les Alpes, la Bretagne, les Pyrénées, l'Écosse, l'Irlande, la Scandinavie, le Brésil.

MICASCHISTE QUARTZEUX.

Le micaschiste quartzeux est encore une roche éminemment siliceuse et qui résulte d'un métamorphisme énergique.

Son gisement indique bien qu'il provient d'une roche stratifiée, et l'on peut facilement s'en convaincre dans les Alpes. Il forme, en effet, des bandes continues et assez régulières qui s'observent sur de grandes distances et qui sont souvent voisines des roches granitiques. Quelquefois la présence de cailloux roulés, qui sont encore reconnaissables, vient démontrer son origine sédimentaire. Il passe à des roches arénacées qui peuvent être argilo-siliceuses. En tout cas il est généralement associé aux roches métamorphiques dans lesquelles la structure cristalline est le plus développée.

Le mica se montre en veines régulières qui ne sont pas toujours dirigées dans le sens qui paraît correspondre à la stratification.

Le quartz du micaschiste quartzeux est hyalin, blanc ou grisâtre. Tantôt il présente de petits grains accolés ; tantôt, au contraire, il s'est réuni en nodules plus ou moins gros ; leur diamètre peut atteindre exceptionnellement un mètre.

Deux micas se sont ordinairement développés dans le mica

schiste. Le plus abondant est un mica dit à base de potasse. Sa couleur est blanche, grise ou verte. Son éclat, qui est nacré et soyeux, n'est pas vif et métallique comme dans les roches granitiques. Bien que ses lamelles soient très-minces, elles atteignent de grandes dimensions ; elles peuvent être plissées et gaufrées ; elles s'engagent de la manière la plus intime dans le quartz, mais elles se reploient autour de ses nodules qu'elles contournent.

Le mica ferro-magnésien s'est aussi développé dans le mica-schiste quartzeux, lorsqu'il est très-cristallin. Ses paillettes sont petites, mais nettes. Il présente à peu près les caractères qui lui sont habituels ; il a une couleur noire, brun tombac ou vert foncé, qui permet de le distinguer facilement du mica à base de potasse.

La composition du micaschiste varie dans des limites assez étendues [1]. Sa teneur, en silice notamment, est comprise entre 85 et 45 pour 100. Plus il renferme de mica, plus il était mélangé de parcelles argileuses et plus il est pauvre en silice. Les variétés contenant beaucoup de quartz dérivent de roches siliceuses ; celles qui en contiennent peu dérivent, au contraire, de roches argilo-siliceuses. Le micaschiste représente donc un des termes extrèmes du métamorphisme, et il s'est produit à la fois aux dépens des roches siliceuses et des roches argileuses.

Le micaschiste diffère d'ailleurs du quartzite par une plus grande proportion de mica, et ces deux roches sont traversées fréquemment par des veines ramifiées de quartz hyalin ; par conséquent il est bien visible que la silice était en grand excès au moment où leur structure cristalline s'est développée.

Parmi les minéraux qui se sont formés dans ces roches siliceuses métamorphiques, mentionnons spécialement le disthène, la staurotide, le grenat, l'andalousite, la chlorite, l'amphibole (hornblende, actinote), le graphite, le corindon, l'épidote, la tourmaline. Ce sont les minéraux trouvés déjà dans le calcaire métamorphique ; mais ceux qui étaient à base de chaux sont devenus très-exceptionnels, lorsqu'ils n'ont pas entièrement dis-

---

[1] Bischof : *Lehrbuch der chem. Geologie,* II, 1442.

paru. D'un autre côté, il est très-remarquable que les minéraux du micaschiste ne soient pas riches en silice, bien qu'ils aient cristallisé en présence d'un excès de quartz. Je ferai observer même que ceux d'entre eux qui paraissent plus particulièrement associés au quartz sont peu silicatés, comme les micas, le disthène, la staurotide, l'andalousite, le grenat, l'hornblende, etc.

La formation du micaschiste quartzeux peut s'expliquer en supposant qu'il provienne d'une roche siliceuse qui aurait été mélangée d'argilite ou de débris de roches micacées ; en effet, cette roche renfermera, par cela même, toutes les substances nécessaires à la cristallisation des minéraux qui ont été énumérés. Il est possible, cependant, que la composition chimique de la roche ait été modifiée dans une certaine mesure, au moment du métamorphisme, soit par l'élimination de certaines substances, soit, au contraire, par l'introduction de substances provenant des roches voisines. Cela semblerait même résulter de ce que la structure cristalline du micaschiste est très-développée, car les substances qu'il renferme se sont groupées et réunies en cristaux qui atteignent souvent de grandes dimensions, et qui sont répartis d'une manière très-inégale : elles pouvaient donc cheminer dans le micaschiste ou dans les roches voisines, et se déplacer avec une grande facilité.

L'association du quartz avec des minéraux pauvres en silice exclut, d'ailleurs, l'hypothèse d'une fusion ignée. Toutefois, le micaschiste a été amené à l'état plastique, et les actions moléculaires qui ont déterminé la cristallisation de ses minéraux devaient nécessairement être très-puissantes.

ROCHES ARGILEUSES.

Les roches argileuses sont amorphes, d'une composition très-variable et, généralement, elles ne sont pas susceptibles de cristalliser, comme le calcaire, en donnant immédiatement un minéral défini. Lorsque leur structure cristalline se développe, il se forme, non pas un seul, mais plusieurs minéraux.

Les roches argileuses ont, d'ailleurs, une composition extrêmement complexe ; elles réunissent les principales substances qui entrent dans la composition de l'écorce terrestre ; il est donc facile de comprendre que des produits très-variés doivent résulter de leur métamorphisme.

Nous allons considérer successivement les principales roches argileuses, et nous rechercherons, autant que le permet l'état de la science, quelles sont les roches métamorphiques qui dérivent de chacune d'elles.

ARGILE.

L'argile proprement dite forme le plus souvent des couches dans la série des terrains ; c'est un hydrosilicate d'alumine dont la composition est très-variable. Elle peut aussi contenir un peu d'oxyde de fer et de magnésie : mais, lorsqu'elle est bien plastique, M. Liebig a constaté qu'elle ne renferme pas d'alcalis ou seulement des traces très-faibles. Les matières organiques ou bitumineuses y sont souvent abondantes, et contribuent à lui donner une couleur grise ou noirâtre : sa densité est faible et peut descendre jusqu'à 1,7. L'argile étant très-molle à l'intérieur de la terre, et complétement imprégnée d'eau, tous les minéraux qui se forment par infiltration pourront s'y développer très-facilement. Il n'est donc pas étonnant qu'on y trouve des cristaux très-nets de pyrite de fer et de gypse, des rognons de fer carbonaté, et quelquefois d'alumine sulfatée ou de webstérite. Par cela même que l'argile est naturellement à l'état plastique, les actions moléculaires s'y exercent librement ; aussi les substances qui s'infiltrent dans l'argile ou qui prennent naissance par double décomposition peuvent-elles aisément y produire des nodules et même des cristaux.

Quant à l'argile elle-même, elle n'est pas susceptible de cristalliser ; elle ne se dissout pas sensiblement dans l'eau, et il ne paraît pas qu'elle se modifie pendant la longue durée des temps géologiques. Toujours est-il qu'elle n'est pas altérée par une introduction lente et postérieure d'alcalis, car l'argile plastique et réfractaire qui se trouve dans les terrains tertiaires s'exploite aussi dans les terrains houillers ; pendant une immense période de siècles, elle n'a donc pas absorbé d'alcalis, puisque ces derniers lui auraient fait perdre la propriété qu'elle possède d'être réfractaire.

Il est bien certain, d'un autre côté, que le métamorphisme général modifie les propriétés de l'argile. Jusqu'à présent, en effet, aucune couche d'argile proprement dite n'a été observée dans les roches métamorphiques; l'argile qui s'y trouvait enclavée a donc donné lieu à la formation de divers minéraux.

Pour préciser le métamorphisme qu'elle éprouve, il faudrait partir de l'état normal et la suivre dans ses altérations successives. Il n'est pas à ma connaissance que cela ait eu lieu jusqu'à présent; mais, d'après la composition de l'argile, on peut présumer qu'elle se change en schiste mâclifère.

SCHISTE MACLIFÈRE.

Comme le schiste mâclifère renferme toujours du mica, et, par conséquent, des alcalis, il semblerait que des alcalis peuvent avoir été introduits dans les argiles métamorphiques; alors il est vraisemblable qu'ils ont été fournis, soit par les eaux souterraines, soit par les roches encaissantes au moment où elles étaient plastiques et où elles ont cristallisé. Quelle que soit, du reste, la roche qui résulte du métamorphisme de l'argile, sa densité a certainement augmenté, et de plus sa quantité d'eau a diminué.

ARGILE MAGNÉSIENNE.

L'argile magnésienne est un hydrosilicate de magnésie; elle a une structure feuilletée; dans l'eau, elle donne toujours une pâte maigre. Sa densité est à peu près 2,00. Sa composition est très-variable, comme celle de toutes les argiles; elle renferme plus de 15 pour 100 d'eau, et la magnésie y est toujours accompagnée par de l'oxyde de fer ; souvent elle renferme quelques centièmes d'alumine, et, dans ce cas, M. Berthier la considère comme un mélange d'écume de mer $(MgO, SiO^5 + HO)$ avec de l'argile ordinaire ou alumineuse.

L'argile magnésienne est fréquente dans le terrain tertiaire parisien, et elle a dû se former à différentes époques géologiques.

Si l'on suppose maintenant une argile magnésienne soumise au métamorphisme général, il est visible que des minéraux magnésiens tendront nécessairement à s'y développer. Comme sa composition varie beaucoup, celle des minéraux magnésiens variera également ; cependant tout porte à croire qu'il se produira surtout les hydrosilicates magnésiens qui sont habituellement associés aux roches métamorphiques, c'est-à-dire le talc, la serpentine, la chlorite.

SCHISTE TALQUEUX, SERPENTINEUX, CHLORITÉ.

Le talc, par exemple, résultera d'une argile magnésienne riche en silice. La serpentine se formera, au contraire, lorsqu'elle sera pauvre en silice. Quant à la chlorite, elle proviendra d'une argile magnésienne, alumineuse et ferrifère.

En même temps que ces hydrosilicates magnésiens, il pourra se développer d'autres minéraux qui les accompagnent ordinairement ; ce sont : le fer oxydulé, le fer chromé, la chaux carbonatée, la magnésie carbonatée, la dolomie, le fer spathique, le pyroxène (diallage, smaragdite), l'amphibole (hornblende, actinote), le grenat, le disthène, l'épidote, etc.

Les éléments de tous ces minéraux se retrouvent dans les argiles magnésiennes. Le chrome lui-même a été signalé par Ebelmen dans un minerai de fer argileux du terrain tertiaire de la Haute-Saône.

Dans cette hypothèse, il est facile d'expliquer la structure schisteuse présentée si souvent par les roches à base de talc, de serpentine et de chlorite. On sait, en effet, que, lorsqu'elles sont enclavées dans les roches métamorphiques, elles forment de véritables schistes, le schiste talqueux, le schiste serpentineux, le schiste chlorité. Il en est de même pour la pierre ollaire. Enfin l'éklogite est aussi une roche magnésienne qui est éminemment métamorphique.

Toutes ces roches sont schisteuses et passent d'une manière insensible aux schistes cristallins, dans lesquels elles sont intercalées.

Si l'on compare l'une quelconque d'entre elles avec l'argile magnésienne, sa densité est plus grande; en outre, elle renferme moins d'eau; et cette eau est d'ailleurs combinée : par conséquent, le métamorphisme de l'argile magnésienne donne encore lieu, comme pour l'argile proprement dite, à une augmentation dans la densité et à une diminution dans la quantité d'eau.

MARNE.

Dans les terrains stratifiés, l'argile est très-souvent mélangée à du calcaire; elle prend alors le nom de marne. Proposons-nous maintenant de rechercher quelles sont les métamorphoses de la marne.

Le problème est complexe, car l'argile peut être alumineuse, ferrifère, magnésienne; de plus, le calcaire est à base de chaux ou de magnésie, ou bien il contient des proportions diverses de ces deux bases. Les éléments qui se trouvent en présence sont donc la silice, l'alumine, l'oxyde de fer, la magnésie, la chaux et l'eau. Il faut y joindre l'acide carbonique; mais, dans les réactions des silicates sur les carbonates, il doit tendre à se dégager; l'on conçoit aussi qu'il puisse être enlevé par dissolution sous une forte pression, ou bien qu'il se combine avec d'autres bases. Les minéraux qui tendent à se former dans la marne sont surtout le pyroxène, le grenat, l'épidote. L'observation montre d'ailleurs qu'ils constituent des couches ou des amas considérables au milieu des roches métamorphiques; par conséquent l'on est naturellement conduit à leur attribuer l'origine qui vient d'être indiquée.

PYROXÉNITE.

La pyroxénite, par exemple, n'est autre chose que du pyroxène en masse qui, généralement, se trouve associé à du calcaire saccharoïde. On l'observe dans la Scandinavie, où elle se présente souvent en grains qui se désagrégent facilement, et alors elle a reçu le nom de coccolite. Dans les Vosges, notamment au Saint-Philippe et au Chippal, le calcaire saccharoïde enclavé dans le gneiss, renferme aussi des veines plus ou moins épaisses de pyroxène salite. Dans les Pyrénées, la lherzolite est une variété de pyroxénite qui est très-riche en péridot, comme l'a constaté M. Damour; elle présente un amas dans le calcaire saccharoïde, et elle a plus de six cents mètres d'épaisseur sur environ dix mille mètres de longueur.

GRENATITE.

La grenatite est la roche qui est essentiellement formée de grenat. Or son gisement habituel est le calcaire saccharoïde, le micaschiste, le gneiss; elle s'y montre en couches ou en amas; quelquefois même ses couches sont très-régulières, et il est impossible de révoquer en doute son origine métamorphique. Ainsi, dans les Pyrénées, le calcaire devenu légèrement cristallin est associé à du grenat en masse qui se présente en couches bien parallèles, et qui reproduit jusque dans les plus petits détails toutes les inflexions de la stratification.

ÉPIDOTITE.

L'épidote forme aussi des amas qui sont assez importants pour être considérés comme une roche spéciale, appelée épidotite; elle se trouve surtout dans des roches métamorphiques, soit dans des roches calcaires comme à Framont, à la Somma et en Scandinavie; soit, au contraire, dans des roches siliceuses.

ARGILITE.

La roche nommée argilite est argileuse et schisteuse; elle n'est pas onctueuse et ne se délaye pas dans l'eau, elle se casse en fragments et elle est plus ou moins lithoïde. Sa densité est environ 2,50. Sa composition chimique est très-variable, mais se rapproche de celle de l'argile; cependant elle contient moins d'eau que l'argile, et il importe surtout d'y signaler la présence de quelques centièmes d'alcalis. L'argilite renferme d'ailleurs toutes les substances qui entrent dans la composition des roches, et, par conséquent, il est facile d'expliquer pourquoi elle peut subir les métamorphoses les plus variées.

MARNOLITE.

Il convient de mentionner ici la marnolite, qui est à l'argilite ce que la marne est à l'argile ; elle résulte du mélange de carbonate de chaux et de magnésie avec l'argilite. Sa dureté est plus grande que celle de la marne ; elle ne se délaye pas dans l'eau, et elle est même lithoïde.

Soumise au métamorphisme, elle donnera d'abord lieu à tous les minéraux qui se développent dans l'argilite ; en outre, elle engendrera spécialement des minéraux renfermant comme bases la chaux et la magnésie.

SCHISTE.

Si l'on suppose l'argilite ou la marnolite soumises aux agents qui produisent le métamorphisme, elles pourront prendre des caractères très-variés ; elles passeront alors par une multitude d'intermédiaires qui n'ont pas tous reçu des noms particuliers, et parmi lesquels nous nous contentons de signaler les principaux.

Il convient de commencer par le schiste, qui représente le premier degré du métamorphisme de l'argilite; c'est d'ailleurs une roche extrêmement répandue et qui, à ce titre, réclame une attention toute spéciale.

Le schiste, dont le type nous est offert par l'ardoise, se montre en couches qui sont encore parfaitement régulières, mais le plus souvent disloquées ou fortement ondulées. On le trouve surtout dans les terrains stratifiés les plus anciens; cependant les roches argileuses de tous les terrains peuvent aussi se métamorphoser en schiste. Dans les Alpes du Dauphiné et de la Toscane, on exploite, en effet, des schistes secondaires et même tertiaires, qui sont employés comme ardoises.

La structure caractéristique présentée par le schiste est tantôt dans le sens de la stratification, tantôt dans un sens différent; elle résulte de phénomènes de pression, comme l'ont montré les recherches de MM. Sharpe, Tyndall, Sorby.

Indépendamment de ce que le schiste a une structure plus régulière et plus feuilletée que l'argilite, il est plus dur, plus sonore, en un mot plus lithoïde ; sa densité est aussi plus grande, car elle est, en moyenne, de 2,8. Enfin sa proportion d'eau est moindre.

Une roche argileuse peut prendre une structure schisteuse bien caractérisée sans que son calcaire soit décomposé. M. G. Bischof a même constaté qu'un schiste feuilleté de Westphalie, qui est exploité comme ardoise, ne renferme pas moins de 25 p. 100 de chaux carbonatée.

Les minéraux du schiste sont d'abord ceux qu'on trouve dans l'argilite, notamment la pyrite de fer. Il peut être imprégné de matières charbonneuses ou même bitumeuses ; le fer oxydulé, quelques paillettes de mica et de chlorite s'y montrent également. Très-fréquemment aussi, il est traversé en tous sens par des veines de différentes grosseurs, formées par du quartz blanc ou grisâtre, qui a visiblement rempli des fissures.

Tous les caractères du schiste indiquent bien qu'il a été soumis à une très-forte pression ; cela résulte, en effet, de son accroissement de densité, de la déformation et de l'aplatissement des fossiles qu'il renferme, et surtout de sa structure schisteuse. Les formes quelquefois extrêmement contournées et ondulées, prises par ses couches, montrent bien qu'il était entièrement plastique ; par conséquent, les actions moléculaires pouvaient y développer des minéraux.

Le plus souvent, quand une argilite a été soumise au métamorphisme général, sa structure devient plus ou moins schisteuse ; mais elle peut encore subir d'autres métamorphoses dans sa structure. Il en résulte des roches qui ont reçu des noms spéciaux, parmi lesquelles nous signalerons seulement les principales.

JASPE.

Le jaspe provient du métamorphisme des roches argileuses ; sa structure présente des veines parallèles entre elles et à la stratification ; il est d'ailleurs très-dur et très-compacte. On l'emploie à l'ornementation, lorsque ses couleurs sont élégantes, et on recherche plus spécialement les variétés riches en silice qui prennent bien le poli. La composition chimique du jaspe est extrêmement variable, comme celle de l'argilite ou du schiste; ses limites sont, d'une part, la silice pure; d'autre part, l'argilite la plus riche en alumine. Sa proportion d'eau est au plus de quelques centièmes. Sa densité est en relation avec sa composition. Il en est de même de sa fusibilité, qui diminue avec sa richesse en silice. Cette dernière est toujours très-grande dans les variétés de jaspe employées dans les arts : ainsi, dans le jaspe d'Orsk, dans l'Oural, qui a été étudié par M. G. Rose, elle est à peu près de 80 p. 100.

Le schiste siliceux ou *kieselschiefer* est une variété de la roche précédente, dans laquelle la quantité de silice est de même très-grande et peut dépasser 96 p. 100, comme Duménil l'a constaté pour un schiste siliceux du Hartz. Son gisement montre qu'il provient encore du métamorphisme de roches sédimentaires, car il est habituellement associé à des schistes.

Souvent le schiste siliceux a conservé une couleur noire due à une matière charbonneuse qui provient de débris organiques; c'est ce qui a lieu notamment dans la lydienne ou pierre de touche.

Le jaspe, le schiste siliceux et toutes les roches analogues ont été fortement cimentées et sont devenues tout à fait compactes. L'absence de cellules démontre, du reste, que la chaleur nécessaire à ce métamorphisme était très-modérée; tandis que des veines nombreuses de quartz font voir que l'eau jouait, au contraire, le rôle principal. Cette eau s'est infiltrée suivant la stratification qui est encore indiquée par des bandes de différentes couleurs : elle a contribué à cimenter toutes les parties de la roche; elle a pu d'ailleurs, soit dissoudre certaines substances qui se trouvaient dans la roche originaire, soit en introduire de nouvelles; cependant la composition générale n'a sans doute pas varié beaucoup, et les jaspes les plus siliceux proviennent en définitive de roches qui étaient originairement riches en silice.

SPILITE.

La structure de certaines roches argileuses peut aussi devenir amygdalaire ; c'est ce qu'on observe dans dans le spilite (*scha-alstein*, ou *blatterstein* des géologues allemands).

Cette roche bizarre a été l'objet des recherches de plusieurs savants, parmi lesquels nous citerons MM. Naumann et Cotta, Sc. Gras, Fournet, de Dechen, G. Bischof ; elle s'observe en Saxe, sur les bords de la Lahn, dans le duché de Nassau, dans le Hartz, dans l'Esterel, dans le Dauphiné et, en général, dans les Alpes ; elle est en amas assez irréguliers et le plus souvent en couches.

Elle est formée par une pâte tendre, compacte ou grenue, dans laquelle il y a quelquefois des lamelles feldspathiques. Sa couleur est grise, verte ou violette. Sa densité est environ 2,70.

Quand on traite le spilite des Alpes par un acide, de manière à dissoudre ses carbonates, le résidu présente la composition d'une argilite contenant environ 50 pour 100 de silice et quelques centièmes d'alcalis.

Le spilite est caractérisé par sa structure amygdalaire ; il renferme, en effet, des noyaux qui peuvent être extrêmement nombreux et même composer les trois quarts de la roche. Ces noyaux sont généralement arrondis et assez réguliers ; ils sont essentiellement formés de chaux carbonatée spathique ; on y observe aussi de la chlorite, du quartz, de l'épidote, et quelquefois du fer oligiste. Dans le duché de Nassau, le fer oligiste peut devenir très-abondant ; il se trouve à la fois dans les noyaux et dans la roche qu'il imprègne complétement.

La théorie nous rend bien compte des anomalies bizarres que présente le spilite. En effet, son passage à des couches réguliè-res montre d'abord qu'il résulte d'un métamorphisme. D'un autre côté, la chaux carbonatée s'y trouve en quantité tellement grande, qu'on ne saurait la supposer introduite par une infiltration postérieure ; par conséquent, la roche originaire qui a donné naissance au spilite était une marnolite.

Lorsque cette marnolite a participé au métamorphisme général, elle est devenue plastique. Les actions moléculaires ont alors opéré une sorte de départ entre ses parties argileuses et calcaires ; les premières ont formé la pâte du spilite, les secondes ont cristallisé et se sont réunies en noyaux. En même temps, il s'est développé de la chlorite, du quartz, de l'épidote ; enfin l'oxyde de fer qui se trouvait dans la roche a cristallisé et s'est changé en fer oligiste.

Jusqu'à présent nous avons étudié les métamorphoses que les roches à base d'argilite ont éprouvées dans leur structure, et nous avons vu que cette structure peut devenir schisteuse, jaspée, amygdalaire. Nous allons maintenant nous occuper des métamorphoses qui sont plus spécialement caractérisées par le développement de divers minéraux : elles correspondent à une action plus énergique, et nous les grouperons d'après ces minéraux eux-mêmes, qui sont, d'ailleurs, en rapport avec l'intensité du métamorphisme.

Considérons d'abord les roches à base d'argilite dans lesquelles il s'est développé des feldspaths. Il peut arriver que ces feldspaths soient à l'état amorphe ou à l'état cristallin. Dans ce dernier cas, ils peuvent d'ailleurs appartenir, soit à l'orthose, soit à l'anorthose[2].

Lorsque le feldspath reste amorphe, l'argilite est changée en pétrosilex, et le type de cette roche métamorphique nous est offert par le schiste pétrosiliceux.

SCHISTE PÉTROSILICEUX.

Le schiste pétrosiliceux forme des couches quelquefois bien régulières et stratifiées qui sont intercalées dans des roches métamorphosées. Ses débris fossiles, animaux et végétaux, sont encore reconnaissables ; il est même possible de les déterminer. Sa structure est peu schisteuse, d'autant moins qu'il est plus pétrosiliceux ; il se divise souvent en parallélipipèdes.

Que si l'on étudie maintenant les caractères minéralogiques

---

[1] Je désigne par *feldspath anorthose* l'un quelconque des feldspaths qui ont la soude pour alcali dominant et qui cristallisent dans le 6ᵉ système.

de ce schiste pétrosiliceux, on reconnaît qu'il est compacte, dur, à cassure esquilleuse. Son éclat est généralement gras, et il contient un peu d'eau. Il peut être coloré par des matières charbonneuses. Sa densité et sa composition le rapprochent plus ou moins des feldspaths. C'est une pâte feldspathique. Les gisements dans lesquels on observe le schiste pétrosiliceux sont extrêmement nombreux ; il suffira de mentionner Framont et Thann, dans les Vosges, les bords de la Loire, le Hartz, la Bavière, la Saxe, la Westphalie, la Suède, le pays de Galles.

SCHISTE FELDSPATHISÉ.

Le feldspath lui-même peut se développer dans les roches sédimentaires métamorphiques, et, comme toutes les substances qui entrent dans sa composition se trouvent réunies dans l'argilite, il n'est pas étonnant qu'il y soit fréquent.

Les roches métamorphiques qui se produisent alors sont généralement associées à des schistes cristallins ; elles ont elles-mêmes une structure schisteuse plus ou moins reconnaissable ; elles proviennent, d'ailleurs, du métamorphisme d'une variété de schiste ; nous leur conserverons donc avec M. Fournet le nom de schiste feldspathisé.

SCHISTE ANORTHOSÉ.

Le feldspath anorthose est très-fréquent dans les schistes. Je citerai comme exemple les roches métamorphiques du terrain devonien des Vosges qui sont essentiellement formées par ce feldspath[1]. Il est facile de les observer à Thann, sur les flancs du ballon de Guebwiller, ainsi que dans les environs de Framont. Elles forment des couches bien réglées qui ont une origine sédimentaire ; et cependant il s'y est développé du feldspath anorthose, en particulier de l'albite et de l'oligoclase. Quelques autres minéraux y ont pris naissance avec le feldspath, notamment le mica, l'hornblende, le quartz. Elles sont, d'ailleurs, devenues lithoïdes, dures, esquilleuses, tenaces, comme

[1] *Annales des mines*, 1853, t. III, p. 747. Grauwake.

toutes les roches feldspathiques ; elles passent même d'une manière insensible à des porphyres à base de feldspath anorthose.

Le Hartz nous offre des roches métamorphiques semblables qui sont intercalées dans le terrain de transition. Elles s'observent aussi très-fréquemment dans le pays de Galles, où sir Henry de la Bèche et les géologues anglais les ont décrites sous le nom de *trappean ashes*.

Comme ces roches sont feldspathiques et essentiellement formées par un feldspath du sixième système, elles peuvent ressembler tellement aux roches trappéennes, qu'il est facile de s'y méprendre. Tout porte, d'ailleurs, à croire qu'elles résultent de leurs débris. Ces débris ont été remaniés et déposés par les eaux, ce qui explique leur stratification et la présence de fossiles. Ils étaient microscopiques, à l'état de *cendres* (de la Bèche) ou de *pelite* (Naumann) ; ils ont d'abord formé des couches plastiques ; puis ils se sont soudés et, en même temps, les actions moléculaires y ont développé du feldspath anorthose.

C'est alors que ces roches feldspathisées sont devenues lithoïdes, porphyriques, et qu'elles ont pris les caractères sous lesquels nous les connaissons.

SCHISTE ORTHOSÉ.

Le feldspath orthose s'est également développé dans les roches argileuses et même dans la plupart des roches qui ont pris, par le métamorphisme, une structure cristalline.

Lorsque l'orthose se montre dans une roche, elle devient généralement porphyrique plutôt que schisteuse. Cependant la sratification peut encore y être reconnaissable. Je signalerai, par exemple, le sud des Vosges, entre le val de Munster et Saint-Amarin, comme un point où l'on voit un schiste compacte, avec veinules d'anthracite, se charger peu à peu de cristaux d'orthose. Dans tout le voisinage des Ballons, on trouve, d'ailleurs, des schistes pétrosiliceux dans lesquels de l'orthose s'est développé. M. Keilhau a observé que sur un grand nombre de points de la Norwége, le schiste passe insensiblement à un schiste feldspathique qui peut même se changer en un véritable porphyre. MM. Élie de Beaumont et Dufrénoy ont surtout signalé les Ardennes comme très-intéressantes pour l'étude de ce métamorphisme. A Laifour, à Deville, à Monthermé, les schistes se chargent graduellement de cristaux de feldspath qui finissent par atteindre plusieurs centimètres de diamètre.

Lorsque l'orthose a pu se développer dans une roche, elle a généralement une structure très-cristalline. Aussi ce feldspath est-il accompagné d'autres minéraux : les plus habituels sont l'anorthose, les micas, l'hornblende, le quartz.

La stratification disparaît, d'ailleurs, d'autant plus complétement que les minéraux sont mieux cristallisés.

Les conditions dans lesquelles l'orthose et l'anorthose se sont développés dans une roche sédimentaire sont à peu près les mêmes. L'anorthose semblerait cependant cristalliser plus facilement que l'orthose, car il s'observe quelquefois dans les roches faiblement métamorphosées, ce qui n'a jamais lieu pour l'orthose.

Pour expliquer la formation des feldspaths, il n'est d'ailleurs pas nécessaire de supposer que la composition chimique de la roche originaire ait été modifiée. Les sédiments microscopiques résultant de la trituration des roches feldspathiques donnent, en effet, des roches argileuses dans lesquelles se retrouvent tous les éléments des feldspaths, soit à base de potasse, soit à base de soude. Quand ils proviennent de roches granitiques ou orthosées, c'est la potasse qui domine ; quand ils proviennent de roches trappéennes ou anorthosées, c'est au contraire, la soude. Or, suivant que la potasse ou la soude était l'alcali dominant de la roche stratifiée, le feldspath, qui tendait à se former était de l'orthose ou de l'anorthose ; et même, lorsque le métamorphisme a été énergique, les deux feldspaths ont pu se développer simultanément.

La formation de ces feldspaths n'a pas été accompagnée de changements notables de volume ; elle ne résulte pas d'une forte chaleur, mais des actions moléculaires ; elle doit surtout être attribuée à la composition originaire de la roche sédimentaire. Toute roche soumise au métamorphisme général et renfermant les éléments du feldspath à un très-grand état de division pourrait être feldspathisée.

SCHISTE HORNBLENDÉ.

Lorsque le feldspath s'est développé dans une roche argileuse, il est le plus généralement accompagné par d'autres minéraux. L'un des plus fréquents est l'hornblende; ce minéral est en aiguilles aplaties et allongées qui sont parallèles à la schistosité. Le feldspath qui lui est habituellement associé est à éclat gras et appartient à l'anorthose, en sorte que le schiste hornblendé passe, lorsqu'il devient cristallin, à une véritable diorite. C'est la diorite schistoïde, *hornblendeschiefer* des géologues allemands.

Au lieu d'hornblende, il peut se former de l'ouralite, comme M. G. Rose l'a constaté dans l'Oural et près des granits du Riesengebirge; quelquefois un noyau de pyroxène s'observe au centre des cristaux d'ouralite.

Le pyroxène se montre aussi dans le schiste métamorphique, et alors ses variétés sont généralement le diallage, l'hypersthène, le salite et quelquefois l'augite.

Le grenat est souvent associé à l'hornblende, surtout au voisinage du calcaire. Enfin le mica se rencontre fréquemment dans tous les schistes cristallins.

Le schiste hornblendé appartient essentiellement aux roches métamorphiques; il accompagne souvent le micaschiste et le gneiss, entre lesquels il se montre, soit en couches, soit en amas; il a dû se former lorsque la couche argileuse originaire contenait, outre les alcalis, de la chaux ainsi que de la magnésie.

SCHISTE MICACÉ.

De tous les minéraux, le mica est celui qui se développe le plus facilement dans le schiste; il se montre généralement dès qu'on voit apparaître des cristaux; mais c'est seulement quand il est abondant que le schiste est dit micacé.

Le mica peut d'ailleurs composer la plus grande partie et même la totalité de la roche; il représente donc l'état cristallin de certains schistes, aussi bien que le calcaire saccharoïde représente celui du calcaire compacte.

Tout ce qui a été dit sur la structure du schiste en général peut être appliqué au schiste micacé. Il faut ajouter qu'en suivant une même couche on voit quelquefois un schiste amorphe et argileux passer insensiblement à un schiste cristallin qui est uniquement formé de mica. Il est donc certain que le schiste peut se métamorphoser en mica.

Quant au mica du schiste micacé, il présente des caractères extrêmement variés, et nous le désignerons d'une manière générale sous le nom de séricite. Toujours, en effet, son éclat est soyeux et nacré plutôt que métallique. Ses lamelles sont extrêmement minces, mais larges et presque continues. Souvent elles sont plissées et gaufrées ; elles sont parallèles à la schistosité ; leur couleur est grise, verte, violacée, quelquefois blanche ou noire. Dans ce dernier cas, le mica est mélangé de parcelles charbonneuses. Plus le mica contient d'oxyde de fer, plus sa couleur devient foncée ; il est d'ailleurs doux au toucher comme le talc, ce qui fait ressembler le schiste micacé au schiste talqueux, avec lequel on l'a généralement confondu.

Maintenant les propriétés du schiste micacé résultent immédiatement de celles de son mica ; il n'est même pas rare qu'il soit exclusivement formé par ce dernier ; c'est notamment ce qu'on observe pour certains schistes des Pyrénées qui sont employés comme ardoises.

Si l'on compare le schiste micacé au schiste, on trouve que sa densité est restée à peu près la même. Sa proportion d'eau se réduit à celle du mica, et, par conséquent, elle devient moindre. Mais sa composition chimique n'a pas changé, car M. Carius a fait des analyses de six échantillons de schiste provenant de Lengenfeld, dans le Voigtland, qui montraient tous les passages du schiste ordinaire au schiste tacheté (*fleckschiefer*), puis au schiste micacé bien cristallin et même au schiste feldspathique ; or la composition chimique de tous ces schistes ne différait pas sensiblement [1].

---

[1] *Annalen der Chemie und Pharmacie*, t. XCIV, p. 45, 1855.

MICASCHISTE.

Lorsque les éléments du schiste sont en proportions permettant la formation d'un mica, la roche, se métamorphose entièrement en schiste micacé ; mais, le plus souvent, il y a un résidu, et l'observation montre que, quand la structure cristalline du schiste est très-développée, il peut se séparer du quartz hyalin. La roche métamorphique est alors essentiellement composée de mica et de quartz ; c'est donc un micaschiste.

Le micaschiste a déjà été signalé comme provenant du métamorphisme des roches siliceuses ; mais il n'existe aucune limite tranchée entre ces dernières roches et entre les roches argileuses. La composition élémentaire des micaschistes pauvres en quartz ne diffère d'ailleurs pas de celle du schiste. En outre, l'on peut suivre sur une même couche toutes les métamorphoses du schiste en schiste micacé, puis en micaschiste.

On ne saurait douter que le micaschiste ne provienne de roches argileuses sédimentaires, car même lorsqu'il est très-cristallin et lorsqu'il renferme des micas et de la mâcle, il peut encore présenter des fossiles reconnaissables. En effet, MM. Boblaye et Dufrénoy ont observé des empreintes de trilobites dans le micaschiste mâclifère de la Bretagne.

Le quartz du micaschiste n'indique pas que la roche soit devenue plus siliceuse, mais seulement plus cristalline. Dans l'argilite, ce quartz était combiné à l'état d'hydrosilicate ; il représente l'excès de la silice sur la quantité nécessaire aux minéraux qui se sont formés. Chaque fois que la silice peut s'isoler à l'état de quartz, la structure cristalline de la roche est toujours très-développée. C'est ce qui explique pourquoi, dans le micaschiste, il s'est formé deux micas, l'un alumineux et potassique, l'autre ferro-magnésien.

De nombreux minéraux se sont aussi développés dans le schiste plus ou moins métamorphique et surtout dans le micaschiste. Parmi les plus fréquents, il convient de signaler l'andalousite ou la mâcle, le disthène, la staurotide, le grenat, l'ottrélite, l'amphibole, l'iolite, la pinite, la fahlunite, etc.

Dans tous ces minéraux, il entre de la silice et surtout une grande proportion d'alumine qui a été immédiatement fournie par l'argilite. Quelques-uns d'entre eux contiennent aussi des bases à un atome d'oxygène, et des alcalis qui existaient d'ailleurs dans la roche originaire; mais presque tous les alcalis se sont fixés dans les micas.

Il importe d'observer que dans le métamorphisme qui vient d'être étudié il ne s'est pas formé de feldspaths : ce métamorphisme est, en effet, caractérisé par le développement du mica; l'argilite passe successivement au schiste, au schiste micacé, et enfin au micaschiste, qui est son terme extrême.

GNEISS.

L'étude du métamorphisme des roches argileuses a montré que lorsque la structure cristalline s'y développe, il peut s'y former des feldspaths, du quartz et des micas. Or le gneiss résultant de l'association de ces trois minéraux, son origine métamorphique est, par cela seul, très-vraisemblable. Mais elle résulte aussi de l'étude de son gisement.

En effet, si le gneiss ne se montre plus en couches dans lesquelles la stratification soit facilement reconnaissable, il passe cependant à des roches qui en conservent des traces. Dans les Alpes, par exemple, on le voit alterner avec des mica-schistes qui sont en bandes bien parallèles, et qui proviennent visiblement du métamorphisme de roches stratifiées.

Lorsqu'il se trouve dans la position dans laquelle il s'est formé, le gneiss est interposé entre le granit et les roches métamorphiques que nous venons d'étudier. On peut en citer de nombreux exemples; je mentionnerai spécialement les Vosges et les Alpes, la Bretagne.

L'étude des cartes géologiques fait, d'ailleurs, voir que le granit est généralement bordé par une zone de gneiss à laquelle succède une zone de schistes cristallins.

. Il peut arriver qu'il y ait un passage insensible du granit au gneiss, puis aux roches métamorphiques. Lorsque cela n'a pas lieu, le granit est antérieur aux terrains stratifiés avec lesquels

il est en contact ; ou bien encore des dislocations et des soulè-
vements ont fait perdre à ces roches la position qu'elles avaient
au moment où elles se sont formées.

Quant à la composition minéralogique du gneiss, elle est la
même que celle du granit à deux micas. Sa structure cristalline est moins développée, en sorte que ces minéraux sont en
cristaux moins nets et généralement de dimensions plus
petites. Ses micas sont intermédiaires, pour leurs caractères
et leurs propriétés, entre ceux du granit et du micaschiste.
Ils sont en lamelles assez larges qui sont orientées dans une
même direction et donnent à la roche la structure veinée.

Comme le gneiss est extrêmement fréquent dans l'écorce
terrestre, on en a distingué plusieurs variétés basées sur la
composition minéralogique. Ce sont les gneiss feldspathique,
quartzeux, micacé, dans lesquels il y a relativement de grandes
proportions de feldspaths, de quartz, de micas.

Parmi les minéraux qui se rencontrent le plus souvent dans
le gneiss, il faut signaler l'hornblende, le pyroxène, le grenat,
l'épidote, l'iolite, la pinite, le disthène, le sphène, le corindon,
la chaux phosphatée, le graphite, etc.

Remarquons, maintenant, que tous les éléments de ces
minéraux peuvent se trouver dans une roche argileuse et
notamment dans une argilite riche en alcalis. Le graphite doit
être signalé particulièrement, car il semble être le témoin de
matières organiques existant primitivement dans la roche qui
a donné naissance au gneiss. Peut-être la chaux phosphatée
a-t-elle aussi une origine organique? Le disthène se montre
dans le gneiss comme dans le micaschiste ; sa présence et
celle du corindon s'expliquent facilement dans une roche contenant beaucoup d'alumine. Les autres minéraux sont d'ailleurs ceux que nous avons déjà signalés dans les roches
calcaires ou siliceuses, qui sont fortement métamorphosées.

On trouve aussi dans le gneiss la tourmaline, l'émeraude, la
topaze ; on y trouve également un grand nombre de minéraux
provenant des gîtes métallifères et pouvant contenir des substances rares, qui ne se rencontrent pas dans les roches
étudiées précédemment. Mais ces minéraux sont surtout encla-

vés dans le gneiss dans lequel ils ont été introduits ; ils forment, en effet, des filons qui, lorsque le gneiss a cristallisé, ont été remplis par les émanations des roches granitiques. Cette circonstance permet d'expliquer pourquoi ils renferment des corps simples qui, suivant l'expression de M. Élie de Beaumont, ont été retirés de la circulation depuis l'existence de notre planète[1].

Origine du Gneiss.

Le gneiss passe, comme nous l'avons dit, au micaschiste, par suite au schiste cristallin, et en définitive au schiste, c'est-à-dire à une roche qui est incontestablement stratifiée. D'un autre côté, il passe également au granit, qui doit être regardé comme une roche éruptive bien caractérisée.

Par suite, le gneiss est une roche *hermaphrodite* formant la transition entre les roches stratifiées et éruptives. Sa composition minéralogique, aussi bien que son gisement, le relie d'ailleurs de la manière la plus intime au granit, et son origine est évidemment la même.

Si l'on admet l'hypothèse d'une origine ignée pour le globe terrestre, la première écorce qui s'est solidifiée par refroidissement devait naturellement être volcanique. D'un autre côté la surface de cette écorce a nécessairement été détruite en partie par l'action violente résultant de la condensation des eaux qui étaient d'abord à l'état de vapeur. Dès cette époque des roches sédimentaires se sont formées, et par suite elles sont bien antérieures à l'apparition d'aucun être organisé. Elles ont sans doute une épaisseur énorme, et elles comprennent toute la partie du globe accessible à nos recherches ; elles doivent d'ailleurs renfermer les éléments qui entrent dans la composition des roches volcaniques et éruptives.

Mais les divers agents que nous avons étudiés, l'eau, la pression, la chaleur, les actions moléculaires, ont déterminé la formation de minéraux dans ces premières roches sédimen-

---

[1] Élie de Beaumont : *Note sur les émanations volcaniques et métallifères.*

taires. Alors, suivant que la structure cristalline s'est développée plus ou moins complétement, la roche produite a été le granit ou le gneiss.

Les caractères du gneiss paraissent encore se trouver en relation avec la composition originaire de la roche de laquelle il dérive. Ainsi, lorsqu'elle était riche en alcalis, en silice, en bases terreuses, le gneiss a été feldspathique, quartzeux, micacé ou amphibolique.

Toutefois, la structure cristalline du gneiss montre qu'il avait une certaine plasticité ; de plus, il passe généralement au granit, qui devait avoir une plasticité encore plus grande. Enfin il contient, comme cette dernière roche, une quantité d'alcalis généralement supérieure à celle des roches sédimentaires qui se déposent à l'époque actuelle. Il est donc possible que la composition chimique de la roche qui a donné naissance au gneiss ait subi quelque modification dans le métamorphisme.

MÉTAMORPHISME GÉNÉRAL DANS DES ROCHES QUELCONQUES.

Jusqu'à présent nous avons étudié le métamorphisme général dans les roches les plus importantes et les plus répandues ; mais la composition des roches n'est pas toujours aussi simple que nous l'avons supposé : car, d'une part, les roches stratifiées se mélangent entre elles en toutes proportions ; d'autre part, les roches stratifiées et éruptives se mélangent avec les roches anormales, notamment avec celles qui sont métallifères. Proposons-nous donc de rechercher ce que deviendront ces roches complexes lorsqu'elles seront soumises au métamorphisme général.

L'oxyde de fer, par exemple, qui est si commun dans la nature, se mélange avec un très-grand nombre de roches, et il est facile de comprendre que la composition de ces dernières doit nécessairement exercer beaucoup d'influence sur son métamorphisme.

Lorsqu'il est avec le calcaire, l'oxyde de fer est généralement réduit à l'état de fer oxydulé. Les mines de fer magnétique de la Scandinavie en offrent de nombreux exemples, et le calcaire saccharoïde peut être considéré comme l'un des principaux gisements de ce minerai.

Avec une roche contenant de la silice, l'oxyde de fer se change souvent en fer oligiste, comme on l'observe dans le quartzite, le micaschiste, et surtout dans le sidéroschiste, l'itabirite, l'itacolumite ; mais il se change aussi en fer oxydulé, surtout dans les roches qui, indépendamment de la silice, contiennent de la magnésie. Ainsi, le schiste talqueux, le schiste chlorité, le schiste serpentineux, le schiste amphibolique, sont très-riches en fer oxydulé. Le micaschiste, le gneiss, la syénite, le granit en renferment également.

Très-fréquemment l'oxyde de fer se combine avec la silice : il forme alors des silicates dans lesquels il est à l'état de protoxyde ou de sesquioxyde. Ces silicates sont généralement le pyroxène, l'amphibole, le grenat, l'idocrase, l'épidote, l'iénite, la chlorite, le talc, la serpentine, le mica.

Le métal considéré peut être encaissé dans des roches très-diverses, et leur nature exercera nécessairement de l'influence sur son métamorphisme. Cette influence sera surtout très-grande lorsqu'il aura de l'affinité pour la silice, comme le fer, le manganèse, le zinc, le titane ; car il donnera des bases puissantes, et, comme presque toutes les roches renferment de la silice, il tendra à produire des silicates quand le métamorphisme sera suffisamment énergique.

Lorsqu'au contraire le métal aura peu ou point d'affinité pour la silice, comme le platine, l'or, l'argent, le mercure, le plomb, l'uranium, l'étain, le tungstène, il restera généralement à l'état sous lequel il s'est formé d'abord dans chaque gîte métallifère.

Les roches éruptives proprement dites consistent essentiellement en silicates, et c'est surtout quand elles auront une origine volcanique qu'elles seront métamorphosées. Elles présentent souvent des passages entre elles ; mais leurs variétés, d'ailleurs très-nombreuses, se comporteront comme les termes extrêmes entre lesquels elles se trouvent comprises.

Si les couches de combustibles intercalées dans les terrains sont assez rares, il n'est pas de roche stratifiée qui ne contienne de petites quantités de matières organiques. Un essai très-simple suffit pour s'en assurer ; car quand on chauffe une roche stratifiée dans un tube, la matière organique se révèle de suite par son odeur, par un dégagement d'ammoniaque qui ramène au bleu le papier de tournesol rougi, quelquefois même par la distillation d'une petite quantité de bitume. Or, lorsque cette roche, calcaire, grès ou argile, est soumise au métamorphisme général, la matière organique est décomposée, et son carbone peut même cristalliser sous forme de graphite.

Telle est l'origine du graphite qu'on trouve disséminé dans le calcaire saccharoïde, le quartzite, le schiste micacé, le mica-schiste, le gneiss, et même dans le granit.

La présence du graphite dans ces roches, qui contiennent du fer à l'état d'oxyde et de silicates, montre bien que le métamorphisme général n'a pas eu lieu par fusion et à une température élevée ; autrement, le carbone aurait été oxydé et le fer réduit à l'état métallique.

Les calcaires sont extrêmement répandus dans les terrains stratifiés, et la plupart des roches en renferment au moins de petites quantités. Sous l'influence du métamorphisme, ces calcaires prennent une structure cristalline. En outre leurs bases, la chaux, la magnésie, l'oxyde de fer peuvent se combiner avec la silice et former des silicates : il est facile, par exemple, de le constater sur le calcaire qui est enclavé dans les roches métamorphiques ; car au contact se montrent surtout des silicates dont le calcaire a fourni les bases, notamment le pyroxène, l'amphibole, le grenat, l'idocrase, l'épidote.

L'argile et l'argilite se rencontrent également en petite quantité dans la plupart des roches stratifiées ; il y en a dans les roches calcaires, siliceuses, ainsi que dans les gypses et dans les combustibles.

La silice, l'alumine, l'oxyde de fer, la chaux, la magnésie et les alcalis se retrouvent, en définitive, dans presque toutes les roches ; par conséquent, des minéraux très-variés, et en particulier les feldspaths, peuvent s'y développer sous l'influence du métamorphisme général.

Enfin les roches stratifiées renferment assez souvent de petites quantités de chlorures, de fluorures, de sulfates, de phosphates, de borates. Ces substances y ont été introduites par des roches anormales, ou bien elles proviennent de la destruction de roches préexistantes; elles s'observent aussi dans les roches éruptives, qu'elles soient volcaniques ou plutoniques. Si l'on suppose que toutes ces roches soient soumises au métamorphisme général, leur structure cristalline tendra à se développer; il pourra même se former des minéraux contenant ces différentes substances. Le chlore entrera dans la sodalite et l'apatite; le fluor dans le spath fluor, la topaze, l'apatite, la condrodite, le mica; le soufre dans la pyrite de fer, les sulfures, le lapis-lazuli; le phosphore dans l'apatite et les phosphates; le bore dans la tourmaline et l'axinite.

Ces divers minéraux sont d'ailleurs fréquents dans les roches métamorphiques, et leur présence s'explique facilement; car les substances exceptionnelles qui sont nécessaires à leur développement peuvent se trouver en petite quantité dans toute espèce de roches.

MÉTAMORPHISME GÉNÉRAL AU CONTACT DE DEUX ROCHES

Lorsqu'un terrain est soumis au métamorphisme général, les différentes roches, éruptives ou stratifiées qui le composent éprouvent des métamorphoses qui ont été étudiées successivement pour chacune d'elles; mais, au contact de ces roches, il s'opère en même temps des métamorphoses spéciales et très-complexes, qui tiennent à leur réaction mutuelle. Ces dernières métamorphoses s'observent quels que soient la nature et le mode de gisement des deux roches en contact.

Considérons, par exemple, le gneiss et le calcaire saccharoïde. D'après les développements qui ont été donnés précédemment, ces roches peuvent être considérées l'une et l'autre comme métamorphiques. Mais, près du contact, leur composition minéralogique se modifie généralement. Ainsi le calcaire renferme souvent des silicates variés, tels que le pyroxène, l'amphibole, la wollastonite, le grenat, l'idocrase, l'épidote, la serpentine, la chlorite, le talc, la pyrosklérite, les feldspaths, les micas, et quelquefois aussi le quartz. Les mêmes minéraux se sont également développés, jusqu'à une certaine distance, dans le gneiss.

Dans chacune de ces roches et vers leur limite, on voit donc apparaître des minéraux qui proviennent de leur réaction mutuelle.

Des phénomènes semblables s'observent au contact des roches stratifiées calcaires, siliceuses, argileuses, lorsqu'elles ont été soumises au métamorphisme général.

Ils s'observent aussi au contact d'une roche éruptive intercalée dans des roches stratifiées. Par exemple, au contact d'un filon de diorite avec le calcaire saccharoïde on retrouverait les minéraux déjà signalés, qui résultent de la réaction du calcaire sur les roches silicatées.

C'est surtout au contact des roches anormales, et spécialement de celles qui sont métallifères, que se formeront les minéraux les plus variés. Les roches métallifères de l'île d'Elbe et de la Scandinavie en offrent des exemples remarquables : elles renferment, en effet, la plupart des substances métalliques, et elles trouvent généralement dans les roches contiguës les substances qui leur manquent, c'est-à-dire la silice et les bases qui l'accompagnent; en sorte que presque toutes les substances connues sont alors en présence. D'un autre côté, comme les minéraux ont une grande tendance à se développer sous l'influence du métamorphisme général, il n'est pas étonnant qu'il se produise, au contact des roches métallifères, des silicates, des carbonates, des phosphates, des sulfates, des oxydes, des fluorures, des sulfures, des arséniures, des antimoniures, c'est-à-dire les principaux minéraux.

Les silicates, et particulièrement ceux qui ont pour types le pyroxène et le grenat, sont toutefois les minéraux les plus fréquents. Les éléments nécessaires à leur formation se retrouvent d'ailleurs dans la plupart des roches, particulièrement lorsque l'une d'elles est silicatée, et l'autre calcaire.

Ces silicates se développent également dans le métamorphisme de contact, lorsque la roche éruptive exerce une action énergique sur la roche encaissante[1]. Bien que les circonstances soient alors différentes, les mêmes éléments se retrouvent en présence ; il n'est donc pas étonnant que les actions moléculaires aient engendré les mêmes minéraux.

. Le diagramme suivant permet de résumer très-simplement le métamorphisme au contact de deux roches quelconques :

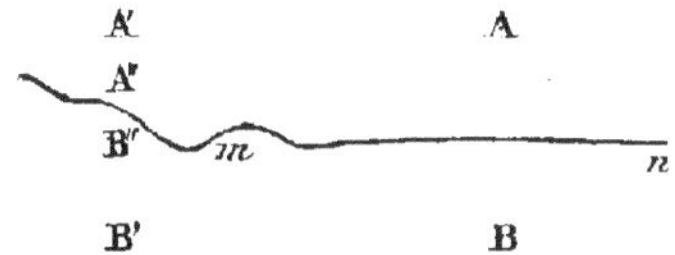

Soient A et B les deux roches normales qui sont en contact suivant la ligne m n. Dans les parties où elles seront soumises au métamorphisme général, elles éprouveront d'abord des métamorphoses qui les changeront en A' et B'. En outre, près du contact, elles éprouveront des métamorphoses spéciales qui seront différentes des premières, et les changeront en A" et B". Les roches nouvelles A'A", B'B" qui se formeront dépendront d'ailleurs de la composition des roches élémentaires et de l'intensité du métamorphisme.

Les minéraux qui se développent près du contact sont très-variés, surtout lorsque l'une des roches est anormale ou métallifère ; mais plusieurs de ces minéraux se forment aussi par le métamorphisme de contact, et s'observent à la limite de la roche éruptive avec la roche encaissante.

INTENSITÉ DU MÉTAMORPHISME GÉNÉRAL.

Lorsqu'une roche est soumise au métamorphisme, elle prend des caractères nouveaux. Ces caractères diffèrent d'autant plus de ceux qu'elle avait d'abord, que le métamorphisme a été plus énergique. La comparaison d'une roche à l'état normal et à l'état métamorphique peut donc servir à mesurer l'intensité du métamorphisme.

Dans l'étude du métamorphisme général, j'ai cherché à ordonner les roches de chaque famille relativement à cette

[1] Delesse : *Études sur le métamorphisme des roches*, 1858, p. 124, etc.

intensité ; et, pour certaines familles, il est très-facile de suivre ses progrès successifs.

Ainsi, dans les gîtes métallifères, l'hydroxyde de fer se change en fer oligiste ou en fer oxydulé, puis en silicates. Des métamorphoses analogues ont lieu dans les minerais de manganèse et de zinc.

Les combustibles présentent surtout une série très-nette, dont les principaux termes sont le lignite, la houille, l'anthracite, le graphite.

Le calcaire, la dolomie, le carbonate de magnésie, deviennent de plus en plus cristallins, et passent, en définitive, à l'état de marbre blanc ou de carbonate saccharoïde.

Le grès se métamorphose en quartzite ou en micaschiste.

L'argile magnésienne peut donner du schiste talqueux, serpentineux et chlorité, ou bien du pyroxène et du grenat.

L'argilite se change en schiste ardoisier, micacé, hornblendé et feldspathique ; certaines variétés passent même au gneiss.

Chaque roche donne donc une série de dérivés qui représentent les différents degrés et en quelque sorte les étapes du métamorphisme. Les caractères nouveaux qu'elle prend dépendent surtout de sa nature et de sa composition originaire. Généralement sa densité et sa structure cristalline vont successivement en augmentant. Au contraire, l'eau, les matières bitumineuses et volatiles tendent à diminuer ; toutefois, l'acide carbonique et l'eau se retrouvent, même dans les roches qui ont subi le métamorphisme le plus énergique.

Le maximum d'intensité paraît, d'ailleurs, correspondre à une structure cristalline très-développée. Il se forme alors des minéraux variés, des micas, du pyroxène, de l'amphibole, du grenat, de la serpentine, de la chlorite, du talc, de la pyrosklérite, des feldspaths et même du quartz.

ASSOCIATION DES ROCHES MÉTAMORPHIQUES.

Les roches métamorphiques sont toujours groupées entre elles d'une manière remarquable, et il importe de faire connaître les lois de leur association.

D'abord, lorsque le métamorphisme général s'est exercé sur un ensemble de roches, il n'en est aucune qui ait échappé à son action. Si, par exemple, on trouve dans un gisement une roche normale à côté d'une roche métamorphique, il faut l'attribuer à ce que la première est postérieure à la seconde. Des failles ou des renversements peuvent également mettre en contact une roche normale et une roche métamorphique. Mais, hormis ces cas exceptionnels, quand une roche a été métamorphosée, toutes celles qui l'accompagnent le sont également.

On pourrait nommer *roches métamorphiques associées* celles qui se montrent habituellement réunies dans un même gisement. Elles représentent les effets d'un même métamorphisme sur diverses roches. Elles s'observent surtout très-bien dans les terrains stratifiés qui conservent la trace des couches originaires, même après le métamorphisme le plus énergique. Le graphite, le calcaire saccharoïde, le micaschiste, le gneiss, nous offrent un exemple de roches métamorphiques associées.

Jusqu'à présent nous avons considéré les roches métamorphiques sur un même point; mais transportons-nous en des points différents, de plus en plus rapprochés d'un centre de métamorphisme : l'intensité du métamorphisme ira successivement en augmentant; les roches d'abord à l'état normal, s'altéreront peu à peu ; leur structure deviendra plus cristalline, et divers minéraux s'y montreront successivement; partout, d'ailleurs, se retrouveront des roches métamorphiques associées.

Ces variations du métamorphisme s'observent sur une grande échelle, et même le plus souvent sur plusieurs kilomètres d'étendue. Elles ont frappé tous les observateurs; elles sont surtout bien visibles dans les roches stratifiées siliceuses ou argileuses. En effet, ces dernières roches ne sont pas entièrement altérées par le métamorphisme, comme le sont quelquefois les roches calcaires ; elles conservent plus ou moins des traces de leur stratification, même lorsque l'action a été très-énergique; elles se changent alors en schistes cristallins, qui constituent par excellence les roches métamorphiques.

Les roches stratifiées qui ont subi le métamorphisme général s'observent dans la plupart des régions granitiques.

Le Grosskogel, en Styrie, qui dépasse 1,400 mètres de hauteur, donne un exemple assez net de la succession des roches métamorphiques[1]. Les roches y forment des zones concentriques autour d'un noyau de granit qui présente la forme d'une ellipse. Les schistes cristallins sont les plus rapprochés de ce granit; ils présentent d'abord du gneiss, auquel est associé du calcaire saccharoïde, de l'éclogite, de la serpentine, de l'amphibolite. Sur le gneiss reposent des micaschistes ayant des caractères variés, et des schistes verts ou gris semi-cristallins. Les schistes argileux, qui viennent au-dessus, sont beaucoup moins cristallins, et leur couleur tire tantôt sur le gris bleuâtre, tantôt sur le gris noirâtre.

Citons encore comme exemple les Alpes, les Pyrénées, l'Écosse, la Scandinavie, l'Erzgebirge, les monts Apalaches. Généralement, dans ces contrées, les roches stratifiées devenues métamorphiques n'ont pas été recouvertes par des terrains plus modernes; malgré les nombreuses dislocations des couches, on parvient à les repérer jusqu'à la région des schistes cristallins; en sorte qu'on peut suivre les étapes successives du métamorphisme.

PASSAGE DES ROCHES MÉTAMORPHIQUES AUX ROCHES PLUTONIQUES.

Les recherches faites antérieurement nous ont montré que le gneiss résultait du métamorphisme de roches stratifiées, mais la composition minéralogique de cette roche est la même que celle du granit. Comme lui, il renferme du quartz, de l'orthose, quelquefois de l'anorthose, et deux micas. Sa composition chimique est aussi la même. C'est surtout par leur structure que ces deux roches diffèrent. Tandis que les micas et les autres minéraux se sont orientés suivant des veines parallèles dans le gneiss, ils se sont développés suivant toutes les directions dans le granit; en outre, leurs cristaux y sont plus nets.

[1] Rolle : *Jahrbuch der K. K. geologischen Reichsanstalt*, 1857, VII, 287

Maintenant le gneiss présente à la fois dans son gisement les caractères d'une roche stratifiée et d'une roche éruptive. En effet, il passe aux schistes cristallins, et il est généralement associé aux roches stratifiées métamorphiques. D'un autre côté, il forme aussi des amas, des massifs, et quelquefois il se comporte comme une véritable roche éruptive. On comprend, d'ailleurs, qu'au moment où il a cristallisé, il devait nécessairement être plus ou moins plastique, et, par conséquent, il n'est pas étonnant qu'il ait fait éruption.

Ajoutons encore que le gneiss est très-souvent associé au granit. Il passe à cette roche d'une manière insensible, et d'autant plus naturellement que sa composition minéralogique est la même. Il s'est souvent développé vers la circonférence du granit, autour duquel il forme comme une espèce d'écorce. Cette circonstance de son gisement s'observe bien lorsque le granit est encore en contact avec les roches au milieu desquelles il a cristallisé, et lorsque vers ses limites il n'a pas été recouvert par des terrains plus récents.

Ainsi le gneiss présente la composition minéralogique du granit auquel il peut passer. En réalité, c'est seulement une variété de granit qui est veinée et qui paraît avoir été gênée dans sa cristallisation. Nous sommes donc naturellement conduits à admettre que le granit lui-même est une roche métamorphique.

La même conclusion s'applique aux autres roches plutoniques.

Considérons, en effet, le schiste hornblendé : c'est une roche argileuse métamorphique, dans laquelle il s'est développé des cristaux d'amphibole hornblende. Mais souvent aussi il s'y est formé simultanément du feldspath anorthose, en sorte que sa composition minéralogique devient alors celle de la diorite.

L'étude du gisement de la diorite nous montre, d'ailleurs, qu'elle se présente quelquefois en amas, dans lesquels elle passe, vers les limites, à la diorite schistoïde, puis au schiste avec hornblende. Par conséquent, une série de métamorphoses peut changer le schiste hornblendé en diorite. Voici donc un nouvel exemple de roche éruptive engendrée par le métamorphisme ; et il serait facile de poursuivre ces rapprochements.

On voit que les roches métamorphiques, et, par suite, les roches stratifiées dont elles dérivent, se transforment en roches plutoniques, lorsqu'elles sont soumises au métamorphisme général le plus énergique. Dans les roches à base d'orthose, le gneiss passe au granit ; de même, dans les roches à base d'anorthose, le schiste hornblendé passe à la diorite.

En général, les roches métamorphiques qui contiennent du quartz, des feldspaths, des micas, de l'amphibole, du pyroxène, de l'hypersthène, du diallage, de la serpentine, pourront se transformer en roches plutoniques ayant pour base ces divers minéraux. Le gisement des roches métamorphiques montre, en outre, qu'elles sont associées aux roches plutoniques ayant pour base ces minéraux, et qu'elles passent même à ces roches d'une manière insensible. Suivant leur composition élémentaire, on conçoit donc qu'elles engendreront le granite, la syénite, le leptynite, la protogine, le porphyre, la minette ou bien la diorite, la kersantite, l'hypérite, l'euphotide et même la serpentine.

Les roches plutoniques se sont formées aux dépens des roches métamorphiques, et elles représentent le maximum d'intensité ou le terme extrême du métamorphisme général.

LES ROCHES PLUTONIQUES SONT L'EFFET ET NON LA CAUSE DU MÉTAMORPHISME

Considérons maintenant les roches plutoniques elles-mêmes, et cherchons à apprécier si, comme on l'admet ordinairement, elles sont réellement la cause du métamorphisme général.

Ces roches sont tantôt en filons et tantôt en amas. Lorsqu'elles sont en filons, elles ont fait éruption pendant qu'elles étaient encore plus ou moins plastiques ; elles sont encaissées dans des roches qui se montrent souvent métamorphiques, mais qui sont quelquefois restées à l'état normal ; elles ont, du reste, exercé à leur contact un métamorphisme spécial, qui est généralement très-limité[1].

[1] *Etudes sur le métamorphisme des roches*, 1858, p. 302 à 367.

Lorsqu'elles sont en amas, elles se fondent insensiblement dans les roches voisines ; autour d'elles les roches métamorphiques forment des zones dans lesquelles l'intensité du métamorphisme va successivement en diminuant.

Il suffit de jeter les yeux sur des cartes géologiques pour reconnaître que les roches métamorphiques et plutoniques sont le plus généralement associées. Quand elles ne le sont pas ou ne paraissent pas l'être, cela tient à des circonstances particulières desquelles on peut facilement se rendre compte.

Si, par exemple, le métamorphisme est peu énergique, il engendre uniquement des roches métamorphiques se rapprochant plus ou moins des roches normales ; telles sont le schiste ardoisier, le schiste micacé et mâclifère, le quartzite, qui, dans l'Ardenne, le Hundsruck et la Bretagne, couvrent seuls des étendues très-considérables.

Si, au contraire, le métamorphisme est très-énergique, il engendre à la fois des roches métamorphiques et plutoniques, Ces dernières, qui jouissaient d'une plasticité plus grande, se sont très-souvent comportées comme des roches éruptives. Elles ont été ramenées vers la surface du sol par des pressions intérieures ; elles ont rempli, à l'état de filons ou de massifs, les fissures et les crevasses de l'écorce terrestre. Mais alors elles ne sont plus en contact avec les roches métamorphiques qui leur correspondent, ni avec celles aux dépens desquelles elles se sont formées ; c'est, du reste, le cas le plus habituel.

Les roches plutoniques sont ordinairement considérées comme la cause du métamorphisme général. Toutefois lorsqu'on étudie leur gisement, on est frappé de la petite étendue qu'elles occupent relativement aux roches métamorphiques. Il est absolument impossible d'admettre que des filons n'ayant le plus souvent que quelques mètres aient métamorphosé des terrains jusqu'à une distance de plusieurs kilomètres. En outre, il est facile de constater que le métamorphisme ne va pas en diminuant à mesure qu'on s'éloigne des parois de ces filons ; il est même tout à fait indépendant de leur nombre et de leur puissance.

D'ailleurs, le schiste ardoisier, le quartzite, le micaschiste, le gneiss, sont quelquefois complétement isolés, et aucune roche éruptive ne leur est associée.

Les roches qui ont subi le métamorphisme général ne résultent donc pas d'une action directe des roches plutoniques ; comme nous venons de le voir, ce sont, au contraire, ces dernières qui ont été engendrées par le métamorphisme général ; elles en sont l'effet, mais non pas la cause.

Acceptons ce résultat, auquel toutes les recherches précédentes nous ont conduit insensiblement. Il en découle plusieurs conclusions très-importantes, qui sont relatives aux roches plutoniques, et qui trouvent naturellement leur place ici.

Lorsque les roches plutoniques offrent des passages aux roches métamorphiques, elles subissent sur une grande échelle des métamorphoses tout à fait analogues à celles que les roches éruptives présentent en petit dans les filons.

Ainsi, bien qu'elles aient pu être moins plastiques que dans les filons, leurs caractères se modifient insensiblement à mesure qu'on avance du centre vers les limites. Généralement leur structure cristalline diminue d'autant plus qu'on s'éloigne davantage du centre. En même temps leur composition minéralogique et chimique présente des variations très-notables. Et il est facile de comprendre que ces variations dépendent, non-seulement des roches plutoniques dans lesquelles elles ont lieu, mais encore des roches encaissantes. Ces dernières exercent même une influence d'autant plus grande, qu'elles se fondent davantage dans la roche plutonique et que leur séparation est moins tranchée.

De plus, les métamorphoses de la roche plutonique ne sont pas limitées à une petite distance des bords ; elles s'observent, au contraire, sur des étendues considérables. Elles embrassent un ou plusieurs massifs de montagnes, quelquefois même une région tout entière.

Les Vosges, les Alpes, la Scandinavie, en un mot, tous les gisements classiques pour le métamorphisme nous en offrent de nombreux exemples.

Je remarquerai notamment que la roche granitique constituant le Ballon d'Alsace présente vers ses limites des passages aux schistes cristallins. Granit dans le centre, elle se change successivement en syénite, puis en diorite. Sa structure cristalline se dégrade peu à peu. En même temps sa composition chimique se modifie : la silice et les alcalis diminuent, tandis que l'alumine, l'oxyde de fer, la chaux et la magnésie augmentent[1].

La protogine des Alpes présente des métamorphoses analogues.

Quelquefois encore la magnésie forme des hydrosilicates aux limites des roches granitiques, car, dans les Alpes, M. Studer a remarqué que le talc, la chlorite, la serpentine, et en général, les hydrosilicates magnésiens, se sont développés autour des massifs granitiques du mont Blanc du Finsteraarhorn, du Saint-Gothard.

Nous voyons donc que les roches plutoniques, lors même qu'elles passent aux roches encaissantes, présentent des métamorphoses analogues à celles que nous avons étudiées, quand elles forment des filons[2].

Ces métamorphoses peuvent alors s'observer sur une très-grande échelle et embrasser une région entière. Elles dépendent, d'ailleurs, de l'intensité du métamorphisme et de l'état de plasticité des roches plutoniques. Elles dépendent aussi de la nature de ces roches et de celles qui les entourent. Elles ont même été influencées par la pesanteur qui tendait à faire monter les substances les plus légères, et, au contraire, à faire descendre les substances les plus lourdes. En un mot elles ont pour causes tous les agents physiques et chimiques qui se sont exercés au moment de la cristallisation.

---

[1] *Sur les variations des roches granitiques*, par M. Delesse, *Bulletin de la Société géologique*, 2ᵉ série, t. IV, p. 464.
[2] *Études sur le métamorphisme des roches*, 1858, p. 359.

INDEX DES ÉTUDES

SUR LE MÉTAMORPHISME.

HISTOIRE DU MÉTAMORPHISME.

CONSIDÉRATIONS GÉNÉRALES

SUR LES AGENTS QUI ONT CONTRIBUÉ A FORMER L'ÉCORCE TERRESTRE.

AGENTS PHYSIQUES.

AGENTS CHIMIQUES.

AGENTS ORGANISÉS.

PRODUCTION ARTIFICIELLE DES MINÉRAUX.

I. — MÉTAMORPHISME SPÉCIAL.

ROCHES ANORMALES.

A. — MÉTAMORPHISME DE LA ROCHE ÉRUPTIVE.

B. — MÉTAMORPHISME DE LA ROCHE ENCAISSANTE.

ROCHES PROPREMENT DITES.

A. — MÉTAMORPHISME DE LA ROCHE ÉRUPTIVE.

B. -- MÉTAMORPHISME DE LA ROCHE ENCAISSANTE.

II. — MÉTAMORPHISME GÉNÉRAL.

ROCHES ANORMALES.

ROCHES ANORMALES MÉTALLIFÈRES.

ROCHES PROPREMENT DITES.

ROCHES ÉRUPTIVES.

ROCHES STRATIFIÉES.

MÉTAMORPHISME GÉNÉRAL DANS LES ROCHES QUELCONQUES.

THÉORIE DU MÉTAMORPHISME.

CATALOGUE

DE

F. SAVY

ÉDITEUR

> MÉDECINE
> HISTOIRE NATURELLE — PHYSIQUE — CHIMIE
> AGRICULTURE — ENSEIGNEMENT

**Tous les ouvrages de ce Catalogue sont expédiés
par la poste en France et en Algérie FRANCO et sans augmentation
sur les prix désignés**

Joindre à la demande des timbres-poste ou un mandat sur Paris

**On peut se procurer également ces ouvrages
par l'intermédiaire de tous les libraires de la France et de l'étranger.**

PARIS

24, RUE HAUTEFEUILLE, 24

PRÈS LE BOULEVARD SAINT-GERMAIN

1ᵉʳ JUILLET 1868

leur situation, la nature des sources, leur température, leurs propriétés médicales, les noms des médecins inspecteurs, inspecteurs adjoints et médecins exerçant auprès de chacune d'elles, et *les moyens de communication* qui y conduisent;

Une nomenclature semblable pour les eaux minérales les plus importantes de l'étranger ;

Le classement des sources minérales selon leur nature et selon les maladies qui s'y adressent;

Une liste des établissements de bains de mer et des principaux établissements hydrothérapiques en France.

Il donne la liste :

Du personnel chargé du service des eaux minérales au ministère de l'agriculture, du commerce et des travaux publics ;

Des membres du comité consultatif d'hygiène auprès de ce département;

Des membres de la section des travaux publics au conseil d'État ;

Des membres du conseil général des mines ;

De la commission des eaux minérales à l'Académie impériale de médecine;

Du conseil de santé des armées ;

Des médecins des eaux minérales résidant à Paris pendant la saison d'hiver ;

Des chimistes qui s'occupent plus particulièrement des eaux minérales.

Il contient enfin :

Des documents officiels sur le service des eaux minérales, la liste des médailles décernées par l'Académie de médecine ;

Des documents pratiques sur l'hygiène et l'usage des eaux minérales;

Des notices détaillées sur quelques stations, faisant suite aux notices déjà publiées dans les précédentes éditions;

Divers renseignements généraux, utiles aux personnes qui fréquentent les eaux minérales, notamment l'indication des principaux hôtels.

ANCELET (E.). Études sur les maladies du pancréas. Paris, 1866. In-8 de 160 pages. 2 fr. 50

ANSBERQUE (Edme). Flore fourragère de la France, reproduite par la méthode de compression dite phytoxygraphique. Lyon, 1866. 1 vol. in-fol. avec 270 planches. 40 fr.

—— **ET CUSIN. Herbier de la flore française,** publié sous le patronage du service des parcs et jardins de la ville de Lyon par le procédé de reproduction dit de phytoxygraphie. Lyon, 1867, tome Ier, in-fol. avec 190 planches représentant les Renonculacées, les Berbéridées, les Nymphéacées, les Papavéracées, les Fumariacées. . . . . 50 fr.

Cet ouvrage, qui formera 25 volumes in-folio, sera publié en huit années. Il peut servir d'illustration à la *Flore de France* de Grenier et Godron.

ARCHIAC (D'). Introduction à l'étude de la paléontologie stratigraphique. Cours de paléontologie, professé au Muséum d'histoire naturelle. Paris, 1862-1864. 2 vol. in-8 de 500 p., avec figures dans le texte et cartes coloriées. 16 fr.

Le 1er volume renferme l'*Histoire de la paléontologie stratigraphique.* M. d'Archiac fait tour à tour l'histoire de la paléontologie dans l'antiquité, au moyen âge, en France, dans l'Italie, les Alpes, la Suisse, la Bavière, le Wurtemberg, le Cobourg, la Pologne, la Russie et la Silésie, le centre de l'Europe, de l'Allemagne, et les deux Amériques, etc., etc. Ce volume peut servir de Bibliographie paléontologique.. 7 fr. 50

Le tome II traite des *Connaissances générales qui doivent précéder l'étude de la paléontologie stratigraphique et des phénomènes organiques de l'époque actuelle qui s'y rattachent.* —Origine des êtres; De l'espèce; M. Darwin; Classification géologique; Distribution des vertébrés terrestres; Distribution des animaux aquatiques; Lignes isocrymes; Distribution des êtres organisés; Distribution des végétaux; Îles et récifs de polypiers; Organismes inférieurs; Gisements principaux; Preuves de l'existence de l'homme ; Restes d'industrie humaine; Habitations lacustres; Ouvrages en terre de l'Amérique du Nord; Fossilisation.. . . . . 8 fr. 50

Les matières traitées par M. d'Archiac n'ont donc été publiées jusqu'à ce jour dans aucun ouvrage de paléontologie. Cet ouvrage peut donc être considéré comme le complément de tous les traités de paléontologie; il se rattache en outre par la méthode à l'*Histoire des progrès de la géologie,* du même auteur.

ARCHIAC (D') **Histoire des progrès de la géologie de 1834 à 1860**, publiée par la Société géologique de France, sous les auspices de M. le ministre de l'instruction publique. Paris, 1847-1860. 8 vol. grand in-8, en 9 parties.

Tome I.   Cosmogonie et Géogénie. — Physique du globe. — Géographie physique. — Terrain moderne. . . . . »   »
Tome II.   *Première partie*. — Terrain quaternaire ou diluvien.. .   5   »
Tome II.   *Deuxième partie*. — Terrain tertiaire.   8
Tome III.   Formation nummulitique. — Roches ignées ou pyrogènes des époques quaternaire et tertiaire.   8   »

·   Voir D'ARCHIAC et HAIME : *Description des animaux fossiles du groupe nummulitique de l'Inde*.

Tome IV.   Formation crétacée, *première partie*, avec pl.   8   »
Tome V.   Formation crétacée, *deuxième partie*.   8   »
Tome VI.   Formation jurassique, *première partie*, avec pl.   10   »
Tome VII.   Formation jurassique, *deuxième partie*, avec pl.. . . .   8   »
Tome VIII. Formation triasique.   8   »

—— **Géologie et paléontologie**. Ire partie. Histoire comparée. IIe partie. Science moderne. Paris, 1867. 1 fort vol. in-8. . .   7 fr. 50

—— **ET Jules HAIME. Description des animaux fossiles du groupe nummulitique de l'Inde**, précédée d'un résumé géologique et d'une monographie des nummulites. Paris, 1853-1854. 2 vol. in-4 avec 36 planches de fossiles. . . . .   60 fr.

Le tome II se vend séparément. . . . .   30 fr.

L'ouvrage de MM. d'Archiac et Jules Haime forme le complément nécessaire du tome III de l'*Histoire des progrès de la géologie*.

Le tome I comprend la Monographie des Nummulites avec la description des Polypiers et des Echinodermes de l'Inde.

Le tome II, les Mollusques Bryozoaires, Acéphales, Gastéropodes, Céphalopodes, Annélides et Crustacés.

ARMENGAUD, jeune (CH.), ingénieur civil. **L'ouvrier mécanicien. Guide de mécanique pratique**, précédé de notions élémentaires d'arithmétique décimale, d'algèbre et de géométrie, indispensables pour l'intelligence et la solution des diverses applications qui y ont rapport avec tables et calculs 8° édit. Paris, 1867. 1 vol. in-18, avec pl. .   4 fr.

— **Formulaire de l'ingénieur.** Carnet usuel des architectes, agents-voyers, mécaniciens, directeurs et constructeurs de travaux, industriels et manufacturiers. Paris, 1865. 1 vol. in-18. . . . .   4 fr.

BAILLON (H.), professeur de botanique à la Faculté de médecine de Paris. **Botanique cryptogamique.** (*Voir* PAYER.)

—— **Étude générale du groupe des Euphorbiacées.** Recherches des types — Organographie. — Organogénie. — Distribution géographique. — Affinités. — Classification — Description des genres. Paris, 1858. 1 vol. grand in-8, avec atlas cartonné. . . . .   56 fr.

—— **Monographie des Buxacées et des Stylocérées.** Paris, 1859. 1 vol. grand in-8, avec 5 planches gravées. . . . .   5 fr.

BARBASTE. De l'état des forces dans les maladies, et des indications qui s'y rapportent. Paris, 1851. 1 vol. in-8.. . . . . .   2 fr.

—— **De l'homicide et de l'anthropophagie.** Paris, 1856. 1 volume in-8. (7 50). . . . .   3 fr 50

BAUDOT (E.), ancien interne des hôpitaux, etc. **Voies d'introduction des médicaments.** Applications thérapeutiques. Paris, 1866. 1 vol. in-8. . . . . 5 fr.

BAUMÈS, ancien chirurgien en chef de l'Antiquaille. **Précis historique et pratique sur les diathèses.** Paris, 1853. 1 vol. in-8. (5). 2 fr.

—— **Traité des maladies venteuses.** Lettres sur les causes et effets de la présence des gaz ou vents dans les voies gastriques, et sur les moyens de guérir ou de soulager ces maladies, 2ᵉ éd. Paris, 1837. 1 v. in-8 (5). 5 fr.

—— **Précis théorique et pratique des maladies vénériennes.** Paris, 1840. 2 vol. in-8. (12). . . . . 6 fr.

BÉRON (Pierre). **Physique céleste.** Tome 1, contenant le système du monde ; tome II, contenant le système planétaire ; tome III, contenant l'origine de la terre et de l'homme. Paris, 1866-1868. 3 vol. in-8. . . 24 fr.

BENVENISTI (M.). **Storia anatomia patologica del sistema vascolare.** Vene e vasi linfatici. I seni e le vene cerebrali in relazione alle varie forme delle alienazioni mentali e delle convulsione epilettiche. Padova, 1857-1862. 2 voi. in-8. . . . . 18 fr

BERTHIER (P.), médecin de l'hospice de Bicêtre. **Excursions scientifiques dans les asiles d'aliénés.** — Première série, comprenant les asiles d'Auxerre, de Lyon, de Grenoble, de Dôle, de Chambéry, de Saint-Dizier, de Moulins, de Montpellier, de Dijon, de Rodez, de Caen, d'Avignon, etc. Paris, 1862. 1 vol. in-8. . . . . 2 fr. 50

—— Deuxième série comprenant les asiles de Rouen, de Montauban, de Bonneval, de Toulouse, de la Charité, de Marseille, de Châlons-sur-Marne, de Privas, de Limoges, de Bourges, d'Auch, d'Orléans, d'Albi, de Blois, de Clermont-Ferrand, de Cadillac, de Bordeaux, etc.; Paris, 1864. in-8 avec une carte itinéraire des asiles d'aliénés de la France. . . . . 2 fr. 50

—— Troisième série comprenant les asiles de Clermont-sur-Oise, du Mans. d'Alençon, d'Angers, de Nantes, de Pont-l'Abbé-Picauville, de Pau, de Saint-Venant, de Strasbourg, de Rennes, de Lille, de Leyme, de Niort, de Mayenne, d'Armentières, de Nancy, du Puy, de Napoléon-Vendée, de Bourg. Paris, 1865, 1 vol. in-8. . . . . 2 fr. 50

—— - Quatrième série comprenant les asiles de Quimper, Aurillac, Saint-Alban, Morlaix, Saint-Brieuc, Tours, Limoux, Poitiers, Saint-Lô, Lafond, la Rochelle, Pontorson, Dinan, Evreux, Saint-Dizier, Angoulême, Aix, Charenton, Sainte-Anne et suivie d'une table analytique générale des matières contenues dans les quatre séries. Paris, 1867, 1 vol. in-8. . . . . . 2 fr. 50

—— **Médecine mentale.**

    PREMIÈRE ÉTUDE. — De l'isolement. 1857. Broch. in-8. . . . 1 fr. 50

    DEUXIÈME ÉTUDE. — Des causes. Paris, 1860. 1 vol. in-8. . . . 4 fr.

— **De la folie diathésique.** Paris, 1859. In-8. . . . . 1 fr. 50

—— **De l'imitation,** au point de vue médico-philosophique. Paris, 1861. 1 vol. in-8. . . . . 75 c.

—— **Erreurs relatives à la folie.** Paris, 1863. In-8. . . . . . 75 c.

BOLLEY (Al.), professeur de chimie industrielle, à l'Université de Zurich. **Manuel des essais et recherches chimiques appliquées à l'industrie et aux arts.** traduit de l'allemand sur la 5ᵉ édition, par le Dʳ L Gautier. Paris, 1868. 1 vol. in-18, de 700 pages avec 100 figures dans le texte. . . . . 7 fr. 50

BOSSU (A.). Nouveau dictionnaire d'histoire naturelle et des phénomènes de la nature. Paris, 1858. 3 vol. gr. in-8 à 2 colonnes, avec 1,400 figures dans le texte. . . . . 27 fr.

—— **Traité des plantes médicinales indigènes,** précédé d'un Cours de botanique. 2e édition, Paris, 1862. 2 vol. in-8, avec 60 planches gravées, représentant les organes des végétaux, les caractères des familles, etc.. . . . . 13 fr.

— Le même ouvrage, figures coloriées.. . . . . 22 fr.

—— **Anthropologie** ou étude des organes, fonctions, maladies de l'homme et de la femme, comprenant l'anatomie, la physiologie, l'hygiène, la pathologie, la thérapeutique et la médecine légale. 5e édition. Paris, 1859. 2 v. in-8, avec atlas de 20 planches.. . . . . 15 fr.

— Le même ouvrage, figures coloriées. . . . . 22 fr.

BOUCHARD, ancien interne lauréat des hôpitaux de Paris, délégué par la Société de médecine de Lyon à Saint-Gemmes (Maine-et-Loire) et dans les Landes. **Recherches nouvelles sur la pellagre.** Paris, 1862. 1 vol. in-8 de 400 pages. . . . . 6 fr.

Ouvrage couronné par les Sociétés de médecine de Lyon et Strasbourg (prix de 500 fr.), et honoré d'un encouragement de 1,000 fr. par l'Institut (Académie des sciences).

—— **Études sur quelques points de la pathogénie des hémorrhagies cérébrales.** Paris, 1867. 1 vol. in-8 avec pl . . 3 fr.

—— **Études expérimentales sur l'identité de l'herpès circiné et de l'herpès tonsurant.** 1861. Brochure in-8. . . . . . . 75 c.

BOURGOIN (Edme), pharmacien en chef de l'Hôpital du Midi. **De l'isomérie.** Paris, 1866. In-8 de 135 pages.. . . . . 2 fr. 50

BOUÉ (A.). Guide du géologue voyageur. Paris, 1836. 2 vol. in-18.. . . . . 8 fr.

BOURGUIGNAT (S. R.). Malacologie de la Grande-Chartreuse. Paris, 1864. 1 beau vol. grand in-8, avec 9 pl. de vues pittoresques, 8 pl. de moll. en double, noir et color . . . . 30 fr.

—— **Mollusques nouveaux litigieux ou peu connus.** In-8 de 24 pages avec 4 pl. En vente au 30 juin 1868, les fascicules I à VIII. Prix de chaque fascicule.. . . . . 4 fr.

Sous ce titre, l'auteur se propose de publier comme complément des *Aménités et Spéciléges malacologiques* des fascicules contenant dix espèces (décades). Dix décades forment une centurie; chaque volume sera composé d'une centurie.

—— **Monographie du nouveau genre Moitessieria.** Paris, 1863. 1 vol. in-8, avec 2 planches. . . . . 4 fr.

Ce mémoire renferme la description de ce nouveau genre et les diagnoses de 3 espèces nouvelles.

—— **Monographie du nouveau genre français Paladilha.** Paris, 1865, grand in-8 de 16 p. avec pl . . . . 4 fr.

—— **Malacologie d'Aix-les-Bains.** Paris, 1864. 1 v. in-8 av. 3 pl. 10 fr.

Toutes les publications de M. Bourguignat sont imprimées à 100 exemplaires.

BRACHET. Recherches expérimentales sur les fonctions du système nerveux ganglionnaire et sur leur application à la pathologie, 2e édition. Paris, 1837. 1 vol. in-8 (7). . . . . 3 fr.

Ouvrage couronné par l'Institut.

BROSSARD (E.). Essai sur la constitution physique et géologique des régions méridionales de la subdivision de Sétif (Algérie). Paris, 1866. 1 v. in-4 avec coupe et carte géol. col.   11 fr.

BURAT (Amédée). Description des terrains volcaniques de la France centrale. Paris, 1833. 1 v. in-8 avec 10 pl. . . . . .   7 f. 50

CARRIÉ (Abbé). Hydroscopographie et métalloscopographie, ou Art de découvrir les eaux souterraines et les gisements métallifères au moyen de l'électro-magnétisme. 1863. 1 vol. in-8°. . . . .   5 fr.

CARTES GÉOLOGIQUES DE TOUS LES DÉPARTEMENTS français, d'Angleterre, de Belgique, d'Allemagne, de Suisse, de l'Espagne, d'Italie.

CAZALIS DE FONDOUCE (P.). Dernier temps de l'âge de la pierre polie dans l'Aveyron. La grotte sépulcrale de Saint-Jean-d'Alcas et les dolmens de Pilaude et des Costes. Paris 1867. 1 vol. grand in-8, avec 4 planches. . . . .   5 fr.

CHANTRE (E.). Etudes paléoethnologiques ou recherches géologico-archéologiques sur l'industrie et les mœurs de l'homme des temps antéhistoriques. Paris, 1867. 1 vol. in-4, avec 14 planches. . . .   18 fr.

CHEVALIER. L'immense trésor des sciences et des arts, ou les Secrets de l'industrie dévoilés, contenant 840 recettes et procédés nouveaux inédits. 11e édition, 1863. 1 vol. in-8°. . . . .   5 fr.

CLÉMENT. Manuel forestier. 1 vol. in-18. . . . .   30 c.

COLLECTION DE VOLUMES A UN FRANC.

De la culture des fleurs dans les petits jardins, sur les fenêtres et dans les appartements, par COURTOIS-GÉRARD. 4e édition. Paris, 1864. 1 vol. in-32 de 192 pages, avec 15 gravures. . . . .   1 fr.

La Société centrale d'horticulture a décerné une médaille à cet ouvrage.

De la culture maraîchère dans les petits jardins, publié sous le patronage de la Société impériale et centrale d'horticulture, par COURTOIS-GÉRARD. 4e édition. Paris, 1861. 1 vol. in-32 de 192 pages, avec 15 grav.   1 fr.

La Société impériale et centrale d'horticulture a décerné une médaille de vermeil à cet ouvrage, et il a été honoré d'une souscription du ministre de l'agriculture.

Des animaux d'appartements et de jardins : oiseaux, poissons, chiens, chats; par F. PRÉVOST. Paris, 1861. 1 vol. in-32 de 192 pages, avec 46 gravures dans le texte. . . . .   1 fr.   »

LE MÊME OUVRAGE, figures coloriées. . . . .   2 fr. 50

La Société protectrice des animaux a décerné à ce volume une mention honorable.

De la santé des petits enfants, ou conseils aux mères sur la conservation des enfants pendant la grossesse, sur leur éducation physique depuis la naissance jusqu'à l'âge de sept ans, et sur leurs principales maladies, par L. SERAINE. 2e édit. Paris, 1861. 1 vol. in-32 de 192 pages.   1 fr.

Les préceptes du mariage, suivis d'un essai sur l'idéal de l'amour, du mariage et de la famille, par L. SERAINE. 3e édition Paris, 1861. 1 vol. in-32 de 192 pages. . . . .   1 fr.

LE MÊME OUVRAGE, papier vergé, tiré à petit nombre. . . . .   3 fr.

Petit ouvrage plein de charme et de la plus haute moralité. Il devrait se trouver dans toutes les corbeilles de mariage.

Leçons d'un instituteur, pour disposer les enfants aux bons traitements envers les animaux, par Ph. Passot, membre de la Société protectrice des animaux. Paris, 1862. 1 vol. in-32 de 192 pages. . . . . . 1 fr.

L'œillet, son histoire et sa culture, par M. A. Dupuis. Paris, 1865. 1 vol. in-32 de 100 p.. . . . . 1 fr.

COLLOMB (Édouard). Carte géologique des environs de Paris, d'après les travaux de MM. Cuvier et Brongniart, Omalius d'Halloy, Dufrénoy et Elie de Beaumont, d'Archiac, Raulin, de Sénarmont, Delesse, Deshayes, Desnoyers, Goubert, Hébert, Lambert, Lartet, Meugy, d'Orbigny, Michelot, Triger, Verneuil. Paris, 1866. 1 feuille imprimée en couleur au $\frac{1}{520000}$. . . . . 10 fr.

> La même, sur toile, dans un étui. . . . . 12 fr. 50

COMTE (Achille). Introduction à toutes les zoologies. Paris, 1855. In-4 avec 150 fig. dans le texte. (2 fr. 50). . . . . 75 c.

COQUAND (H.), membre de la Société géologique de France. **Géologie et paléontologie de la région sud de la province de Constantine.** Marseille, 1862. 1 v. in-8 de 520 p. av. 40 pl. de fossiles. . 40 fr.

—— **Monographie paléontologique** de l'étage aptien de l'Espagne. Marseille, 1865. 1 vol. in-8 de 225 p. avec 50 pl. . . . . 50 fr.

> Pour les autres publications de M. Coquand, voir nos Catalogues d'Histoire naturelle.

COTTEAU (G.). Échinides fossiles des Pyrénées. Paris, 1865. 1 vol. in-8 de 160 pages, avec 9 pl. représentant 119 sujets. . . 8 fr.

> Pour les autres publications de M. Cotteau, voir nos Catalogues d'Histoire naturelle.

COULON (A.), professeur à l'École de médecine d'Amiens, chevalier de la Légion d'honneur. **Traité clinique et pratique des fractures chez les enfants**, revue et précédé d'une lettre par le docteur Marjolin, chirurgien de l'hôpital Sainte-Eugénie (enfants malades), membre de la Société de chirurgie, etc. Paris, 1861. 1 vol. in-8. . . . . 4 fr.

> Ouvrage couronné par la Société de médecine de Lille.

—— **De l'angine couenneuse** et du croup considérés au point de vue du diagnostic et du traitement. 2ᵉ édition. Paris, 1867. 1 volume in-8 de 100 pages.. . . . . 2 fr.

COULON (A.). De l'ophthalmie purulente chez les enfants. 1863. in-8 de 24 p. . . . . 1 fr.

—— **De la fièvre typhoïde dans la première enfance.** 1865. In-8.. . . . . 1 fr.

COURTOIS-GÉRARD. Voir *Collection de volumes à 1 fr.*

CUVIER (Georges). Recherches sur les ossements fossiles, où l'on rétablit les caractères de plusieurs animaux dont les révolutions du globe ont détruit les espèces. 4ᵉ et dernière édition revue et complétée par l'auteur. Paris, 1836. 10 vol. in-8 et 2 atlas in-4, contenant 289 pl. de fossiles (150). . . . . 50 fr.

DEBAT (L.). Flore analytique des genres et espèces appartenant à l'ordre des mousses, pour servir à leur détermination dans les départements du Rhône, de la Loire, de Saône-et-Loire, de l'Ain, de l'Isère, de l'Ardèche, de la Drôme et de la Savoie. Paris, 1867. (Gr. in-8 de 200 pages. . . . . 5 fr.

DEFRANCE. Tableau des corps organisés fossiles, précédé de remarques sur leur pétrification. Paris, 1824. In-8.. . . . . 5 fr.

*

DELACROIX (ÉMILE) et ROBERT (AIMÉ). Les eaux. Étude hygiénique et médicale sur l'origine, la nature et les divers emplois des eaux, tant ordinaires que médicinales, suivie d'un tableau général indicateur des sources minérales et stations balnéaires de la France et de l'étranger. Paris, 1865. 1 vol. in-18. 2 fr. 50

DELATTRE (G. A.), ancien chirurgien-major, chevalier de la Légion d'honneur. **Traité pratique des accouchements,** des maladies des femmes et des enfants. Paris, 1865. 1 vol. in-8 de 1,245 pages avec 27 pl. contenant 407 figures. . . . . 16 fr.

DELESSE, ingénieur des mines, professeur à l'École normale et des mines, membre des Sociétés géologiques de France et de Londres, etc. **Carte géologique du département de la Seine,** publiée d'après les ordres de M. le préfet de la Seine. Paris, 1866. 4 feuilles imprimées en chromolithographie, avec légende explicative. . . . . 20 fr.

> La carte géologique du département de la Seine résume tous les résultats donnés par les travaux souterrains : elle permet d'indiquer à l'avance la nature et même la cote des différents terrains qui seraient rencontrés en un point quelconque. Elle sera donc fort utile, non-seulement aux personnes qui s'occupent de géologie, mais encore aux ingénieurs, aux architectes, aux constructeurs et à tous ceux qui ont besoin de connaître le sous-sol parisien.

—— **Carte hydrologique du département de la Seine,** publiée d'après les ordres de M. le préfet de la Seine. Paris, 1866. 4 feuilles imprimées en chromo-lithographie avec légende explicative. . . . . 20 fr.

—— **Procédé mécanique pour déterminer la composition des roches.** 2ᵉ édition. Paris, 1862. Brochure in-8. . . . . . . 1 fr. 25

—— **Recherches sur l'origine des roches.** 2ᵉ édition. Paris, 1865. Broch. in-8. . . . . 2 fr. 50

DELILE. Flore d'Égypte. 1 atlas grand in-folio de 62 pl. avec texte (150). . . . . 25 fr.

DESLONGCHAMPS (Eugène). Études critiques sur les brachyopodes nouveaux ou peu connus,

> Ces études seront publiées par fascicules renfermant 4 planches et 5 feuilles de texte du prix de 2 fr. 50. En vente, les fascicules I à III. . . . . 7 fr. 50
> Pour les autres publications de M. E. Deslongchamps, voir nos Catal. d'Hist. nat.

DESPINES (Prosper), docteur en médecine. **Psychologie naturelle** ou Étude sur les facultés intellectuelles et morales. Paris 1869. 3 v. in-8. 25 fr.

DESPLATS (V.), professeur agrégé à la Faculté de médecine de Paris. **Lois générales de la production et de la propagation du courant électrique.** Paris, 1865. 1 vol. in-8. . . . . 1 fr. 50

DES VAULX (J. P.), docteur en médecine. **Guide pour le traitement des maladies vénériennes,** à l'usage des gens du monde, avec 4 planches coloriées, dessinées par le docteur Claparède. Paris, 1862. 1 vol. in-32, de 192 pages. . . . . 1 fr.

DEVAY (Francis), professeur à l'École de médecine de Lyon. **De la médecine morale.** Paris, 1861. 1 vol. in-8. . . . . 2 fr. 50

—— **et GUILLIERMOND. Recherches nouvelles sur le principe de la ciguë (conicine,** et de son mode d'application aux maladies cancéreuses et aux engorgements de la matrice et du sein. 2ᵉ édition. Paris, 1855. In-8 (4). . . . . 2 fr.

DICTIONNAIRE DES SCIENCES NATURELLES, dans lequel on traite méthodiquement des différents êtres de la nature, considérés soit en eux-mêmes d'après l'état actuel de nos connaissances, soit relativement à l'utilité qu'en peuvent retirer la médecine, l'agriculture, le commerce et les arts; par les professeurs du Muséum d'histoire naturelle de Paris, sous la direction de G. et de Fr. Cuvier. Texte, 61 vol. in-8; contenant 1220 planches gravées et coloriées (1,200 fr.). . . . . .   275 fr.
Le même ouvrage, figures noires. . . . .   100 fr.

DICTIONNAIRE CLASSIQUE D'HISTOIRE NATURELLE, par MM. Audouin, Brongniart, Edwards, de Férussac, Drapiez, Flourens, de Jussieu, Lucas, Richard, Bory de Saint-Vincent, etc. Paris, 1824-1830. 17 vol. in-8, avec un atlas de 160 pl. col. (90 fr.). . . . .   50 fr.

DIERBACH (J.-H.). Flore mythologique ou Traité de la connaissance des Plantes dans leurs rapports avec la mythologie et la symbolique des Grecs et des Romains, traduite de l'allemand par le docteur Louis Marchant. Dijon, 1867. In-8. . . . .   5 fr,

DOLLFUS-AUSSET, manufacturier à Mulhouse, ancien préparateur de M. Chevreul. **Matériaux pour la coloration des étoffes.** Paris, 1865. 2 vol. grand in-8. . . . .   20 fr.

—— **Matériaux pour l'étude des glaciers.** Paris, 1863-1868. 10 vol. grand in-8 et atlas in-folio. . . . .   240 fr.

T. I⁰ʳ — Iʳᵉ partie. — Auteurs qui ont traité des hautes régions des Alpes et des glaciers, et sur quelques questions qui s'y rattachent. . . . .   20 fr.
T. Iᵉʳ. — IIᵉ partie. — Auteurs, etc., etc. . . . .   20 fr.
T. Iᵉʳ. — IIIᵉ partie. — Auteurs, etc., etc. . . . .   20 fr.
T. II. — Hautes régions des Alpes ; Géologie; Météorologie ; Physique du globe. . . . .   20 fr.
T. III. — Phénomènes erratiques. . . . .   20 fr.
T. IV. — Ascensions. . . . .   20 fr.
T. V. — Glaciers en activité. — Iʳᵉ partie. . . . .   20 fr.
T. VI. — Glaciers en activité. — IIᵉ partie. . . . .   20 fr.
T. VI. — IIᵉ partie. — Glaciers en activité. — IIIᵉ partie. (Sous presse.)
T. VII. — Tableaux météorologiques. . . . .   20 fr.
T. VIII. — Observations météorologiques et glaciaires à la station Dollfus-Ausset, au col du Saint-Théodule (3,350 m. alt.), du 1ᵉʳ août 1865 au 1ᵉʳ août 1866. . . . .   20 fr.
T. IX. — Monographie des glaciers. (Sous presse.)
T. X. — Atlas de 80 planches. (Sous presse.)

DOLLFUS Aug.), Membre de la Société géologique de France. Protogea Gallica. La Faune kimméridienne du cap de la Hève. Paris, 1863. 1 vol. in-4, avec 18 pl. sur papier de Chine. . . . .   20 fr.

D'ORBIGNY (CH.). Tableau chronologique des divers terrains, ou systèmes de couches connues de l'écorce terrestre, présentant, d'une manière synoptique les principaux êtres organisés qui ont vécu aux diverses époques géologiques, et indiquant l'âge relatif aux différents systèmes de montagnes, établis par M. Élie de Beaumont. 1 feuille jésus coloriée. . . . .   2 fr.

—— Le même collé sur toile, vernissé et monté sur gorge et rouleau (*propre à l'enseignement*). . . . .   5 fr.

—— **Coupe figurative de la structure de l'écorce terrestre** avec indication et figures des principaux fossiles caractéristiques des divers étages. 1 feuille grand-aigle, avec 182 figures de fossiles dessinées par Léger et coloriées. . . . .   6 fr.

—— Le même collé sur toile, vernissé et monté sur gorge et rouleau (*propre à l'enseignement*). . . . .   12 fr.

D'ORBIGNY (CH.). Description des roches composant l'écorce terrestre et des terrains cristallins constituant le sol primitif, ouvrage rédigé d'après la classification, les manuscrits inédits et les leçons publiques de feu M. Cordier. Paris, 1868. 1 fort vol. in-8. 10 fr.

DUBRUEIL, prosecteur de la Faculté de médecine de Paris. **Manuel d'opérations chirurgicales.** Paris, 1867. 1 vol. in-18 avec planches coloriées, publié par fascicules.

1er fascicule : Opérations qui se pratiquent sur l'appareil circulatoire (Artères), avec 8 pl. col.

2e fascicule : Opérations qui se pratiquent sur l'appareil circulatoire (Veines), avec 4 pl. col.

3e fascicule : Opérations qui se pratiquent sur l'appareil locomoteur (Amputations, Désarticulations), avec 4 pl. col.

4e fascicule : Opérations qui se pratiquent sur l'appareil locomoteur (Amputations, Désarticulations), avec 4 pl. col.

Prix du fascicule. . . . . 1 fr. 50

—— **De l'amputation intra-deltoïdienne.** Paris, 1866. In-8.   75 c.

—— **Note sur la cicatrisation des os et des nerfs.** Paris, 1867. In-8. . . . . 50 c.

—— **Des indications qui représentent les luxations de l'astragale.** Paris. 1864. In-4 de 41 pages et planches. . . . . 2 fr.

—— **De l'Iridectomie.** Paris, 1866. In-8 de 90 pages. . . . . . 2 fr.

—— **Recherches** sur l'action physiologique du sulfocyanure de potassium en collaboration avec M. Legros). In-8 de 4 pages. . . . . 50 c.

DUFRÉNOY et ÉLIE DE BEAUMONT. Carte géologique de la France, publiée par ordre du ministre des travaux publics. 6 feuilles grand-aigle coloriées, sur toile et pliées. In-4. . . . . 167 fr. 50

—— **Explication de la carte géologique de la France.** *En vente,* les tomes I et II. . . . . 53 fr. 75
Le tome Ier contient la Carte réduite en une feuille.

—— **Carte géologique de la France,** imprimée en couleur (réduction de la grande carte en 6 feuilles). 1 feuille avec le réseau pentagonal.   5 fr.
— La même, collée sur toile. . . . . 7 fr.

DULAC (Abbé J). Flore du département des Hautes-Pyrénées. Paris, 1867. 1 vol. in-18 avec gravures dans le texte, extraites de la Botanique de Richard. . . . . 10 fr.

DUMORTIER (Eug.), membre de la Société géologique de France. **Etudes paléontologiques sur les dépôts jurassiques du bassin du Rhône.** Ire partie, Infralias. Paris, 1864. 1 vol. gr. in-8°. avec 30 pl. de fossiles. . . . . 20 fr.

—— IIe partie, Lias inférieur. Paris, 1867. 1 vol. gr. in-8 avec 50 pl. de fossiles. . . . . 30 fr.

DUPUIS (A.). Voir *Collection de volumes à 1 fr.*

DUPUY (D.). Histoire des mollusques terrestres et d'eau douce qui vivent en France. Paris, 1848-1851. 6 fascicules in-4° avec 36 pl.   60 fr.

—— **Mémoires d'un botaniste,** accompagnés de la Florule des stations du chemins de fer du Midi dans le Gers. Paris, 1868. 1 volume in-18, avec figures dans le texte. . . . . 3 fr. 50

DURAND (de **Lunel**), médecin principal de première classe. **Théorie électrique du froid, de la chaleur et de la lumière**, doctrine de l'unité des forces physiques, avec un avant-propos sur l'action physiologique de l'électricité. Paris, 1865. In-8 de 56 pages. . . . . 1 fr. 50

—— **Traité dogmatique et pratique des fièvres intermittentes**, suivi d'une Notice sur le mode d'action des eaux de Vichy dans le traitement des affections consécutives à ces maladies. Paris, 1862. 1 vol. in-8. . . . . 6 fr. 50

—— **Nouvelle théorie de l'action nerveuse** et des principaux phénomènes de la vie. Paris, 1865. 1 vol. in-8. . . . . 7 fr. 50

—— **Des incidents du traitement thermo-minéral de Vichy**. Paris, 1864, in-8°. . . . . 1 fr. 50

DUVAL (**Émile**), directeur de l'établissement hydrothérapique de Chaillot. **De la chorée, sa définition; de ses différents traitements et spécialement de sa cure par l'hydrothérapie.** Paris, 1866. In-8 de 52 pages. . . . . 1 fr.

ÉBRARD. Hygiène des habitants de la campagne, cultivateurs, jardiniers, instituteurs, suivi d'un essai sur la salubrité publique dans les communes rurales. 1865. 1 vol. in-8 . . . . 2 fr.

—— **Nouvelles études de mœurs.** Un aquarium dans ma chambre : grenouilles, crapauds, sangsues, salamandres. 1866. In-8. 1 fr. 25

—— **Le livre des garde-malades et des mères de famille.** Instructions sur les soins à donner aux malades et aux enfants, 6ᵉ édition. Paris, 1867. 1 vol. in-18. . . . . 2 fr.

EXPLORATION SCIENTIFIQUE DE L'ALGÉRIE. Mollusques, par DESHAYES; 25 livraisons grand in-4, formant 600 pages de texte et 149 pl. grav. et col. avec gr. luxe. (Tout ce qui a été publié : 400 fr.). 200 fr.

—— **Botanique, ou Flore d'Algérie**, par Cosson et DURIEU DE MAISONNEUVE. Paris, 1844-1867. 19 livraisons (tout ce qu'il y a de publié), avec 90 pl. grav. et col. avec soin. (285 fr.). . . . . 200 fr.
Séparément les livraisons 18 et 19 renfermant les pages 241 à 352 et Introduction I à CIV pages. Prix de chacune. . . . . 15 fr.

Zoologie, mammifères, reptiles, poissons, crustacés, insectes, etc., par H. LUCAS. Paris, 1844-1854. 55 livraisons avec 125 pl. gravées et col. avec soin. (495 fr.). . . . . 500 fr.

—— **Observations sur le magnétisme terrestre. —** Recherches de physique, sur la Méditerranée. Paris, 1846, 2 vol. grand in-4 avec planches. (66 fr.). . . . . 25 fr.

FAUCONNET. Du choléra asiatique comme conséquence d'un élément morbide de nature organisée. Étude déposée à l'Académie des sciences comme pièce de concours pour le prix Bréant, le 6 décembre 1865. Paris, 1866. 1 vol. in-8 de 64 pages. . . . . . 2 fr.

—— **Guérison du chancre, des bubons et de quelques syphilides.** Paris, 1867, in-8 de 58 pages. . . . . 75 c.

FÉE, professeur à la Faculté de médecine de Strasbourg. **Flore de Théocrite et des autres bucoliques grecs**. Paris, 1852. In-8. 2 fr.

FLORET (**P.**). **Documents chirurgicaux, principalement sur les maladies de l'utérus.** Paris, 1862. 1 vol. in-8, avec pl. . 4 fr.

FOURNET (**J.**), correspondant de l'Institut. **Géologie lyonnaise.** Paris, 1862. 1 très-fort vol. grand in-8 de 800 pages. (24). . . . 15 fr.

FRESENIUS (**Remigius**), professeur de chimie à l'université de Wiesbaden. **Traité d'analyse chimique qualitative**, des opérations chimiques, des réactifs et de leur action sur les corps les plus répandus, essais au chalumeau, analyse des eaux potables, des eaux minérales, du sol, des engrais, etc. Recherches chimico-légales, analyse spectrale, traduit sur la 11e édition allemande, par FORTHOMME, agrégé, docteur ès sciences, professeur de physique et de chimie au lycée de Nancy. Paris, 1866. 1 vol. grand in-18 avec fig. dans le texte, et un spectre solaire colorié. .   6 fr.

— Traité d'analyse quantitative. Traité du dosage et de la séparation des corps simples et composés les plus usités en pharmacie, dans les arts et en agriculture, analyse par les liqueurs titrées, analyse des eaux minérales, des cendres végétales, des sols, des engrais, des minerais métalliques, des fontes, dosage des sucres, alcalimétrie, chlorométrie, etc., traduit sur la 5e édition allemande, par M. FORTHOMME, agrégé, docteur ès sciences, professeur de physique et de chimie au lycée de Nancy. Paris, 1867. 1 vol. grand in-18, avec 190 fig. dans le texte. . . . . . .   12 fr.

FREY (H.), professeur à l'Université de Zurich. **Traité d'histologie et d'histochimie**, traduit de l'allemand sur la 2e édition, par Paul SPILLMANN annoté par M. RANVIER, préparateur au Collége de France et revu par l'auteur. Paris, 1868. 1 fort volume in-8, avec 550 gravures dans le texte. . . . .   15 fr.

— Le microscope, manuel à l'usage des étudiants, traduit de l'allemand sur la 2e édition, par Paul SPILLMANN, Paris, 1867, 1 vol. in-18, avec 62 figures dans le texte et une note sur l'emploi des objectifs à correction et à immersion. . . . .   4 fr.

FROMENTEL (E. de), membre de la Société géologique de France. **Introduction à l'étude des polypiers fossiles**, comprenant leur histoire, leur anatomie, leur mode de production et de reproduction, leurs habitudes extérieures, leur classification d'après la méthode dichotomique, la description des ordres, des familles, des genres et la description de toutes les espèces connues. Paris, 1858-61. 1 vol. in-8. .   5 fr.
Pour les autres publications de M. E. DE FROMENTEL, voir nos Catal. d'Hist. nat.

GANOT (A.). Traité élémentaire de physique expérimentée et appliquée et de météorologie. Paris, 1868. 15e édit. 1 vol. in-18 avec 600 gr. dans le texte. . . . .   7 fr.

— Cours de physique purement expérimentale, à l'usage des gens du monde, des institutions de demoiselles. Paris, 1868. 5e édit. 1 vol. in-18, avec 550 gravures dans le texte. . . . .   5 fr. 50

GANTILLON (C. E.). Traité complet sur la fabrication des étoffes de soie. Paris, 1859, 1 vol. in-4 (10). . . . .   6 fr.

GAUDRY (Albert). Animaux fossiles et géologie de l'Attique, d'après les recherches faites en 1855-56 et en 1860 sous les auspices de l'Académie des sciences. Paris, 1862-68. 1 fort vol. in-4 de texte avec 75 planches de fossiles, cartes et coupes géologiques coloriées. 120 fr.

— Des lumières que la géologie peut jeter sur quelques points de l'histoire ancienne des Athéniens. Paris, 1867. In-8 de 52 pages.   1 fr. 50

— Description géologique de l'île de Chypre. Paris, 1862. 1 vol. in-4, avec carte géologique coloriée et 75 fig. dans le texte.   15 fr.
Pour les autres publications de M. GAUDRY, voir nos Catalogues d'Histoire naturelle.

GIRARDON (D.). Cours élémentaire de perspective linéaire. à l'usage des écoles des beaux-arts, de dessin, des artistes, architectes, etc. Paris, 1859. 2 vol. in-8, avec un atlas de 28 pl. gravées. . . . . .   6 fr.

GONTIER DE CHABANNE. Le médecin, le chirurgien et le pharmacien à la maison, ou le meuble indispensable des familles, contenant : 1° instruction détaillée sur les récoltes des plantes médicinales usuelles ; 2° les meilleurs remèdes, les plus simples et les moins chers; 3° la chirurgie populaire, ou instruction très-détaillée pour le pansement des maladies externes ; 4° la pharmacie des ménages ou manière de composer soi-même toute sorte de médicaments ; 5° l'herboristerie des familles, indication des plantes médicinales et leur emploi pour chaque maladie. 4ᵉ édition. 1868. 1 vol. in-8°. . . . . 5 fr.

GRAS (Scipion), ingénieur en chef des mines. **Description géologique du département de Vaucluse.** Paris. 1862. 1 vol. in-8, avec coupes géologiques coloriées. . . . . 8 fr.

—— **Carte géologique du département de Vaucluse.** 1 feuille coloriée. . . . . 7 fr.
Pour les autres publications de M. S. Gras, voir nos Catalogues d'Histoire nat.

GRENIER et GODRON doyen de la Faculté des sciences de Nancy. **Flore de France**, ou description des plantes qui croissent naturellement en France. Paris, 1848-1856. 5 vol. in-8 de 800 p. . . . . 50 fr.
On vend séparément :

Tome deuxième. { 1ʳᵉ partie. }
           { IIᵉ partie. } Prix de chacune des parties. . . 5 francs.
Tome troisième. { 1ʳᵉ partie. }
           { IIᵉ partie. }

Depuis l'époque, déjà éloignée, où de Candolle mit au jour sa *Flore française* et même depuis l'époque plus récente qui vit paraître la *Flora gallica* de M. Loiseleur-Deslongchamps et le *Botanicon gallicum* de M. Duby, la botanique descriptive a fait des progrès. Les botanistes allemands et italiens ont apporté plus de précision dans la description des végétaux et dans la manière de distinguer les différentes espèces les unes des autres; ils sont devenus pour nous des modèles à imiter.

D'un autre côté, un nombre assez notable des plantes nouvelles ont été trouvées en France depuis la publication des Flores françaises les moins anciennes et n'ont été indiquées que dans les Flores locales, les catalogues ou les écrits périodiques; il en est même qui gisent dans les herbiers sans avoir été signalées.

Une nouvelle Flore de France, disposée d'après la méthode naturelle, plus complète que les précédentes et mise au niveau des découvertes de la science moderne, était un besoin vivement senti. MM. Grenier et Godron, dont les travaux antérieurs sont une suffisante recommandation, ont entrepris de remplir cette tâche laborieuse; profitant amplement des travaux des botanistes allemands, italiens et français, aidés des conseils bienveillants d'hommes qui font autorité dans la science, entourés de matériaux considérables amassés depuis longues années et qui se sont accrus de tous ceux qui ont été mis généreusement à leur disposition, ils espèrent pouvoir offrir au public un livre utile, fruit de leurs travaux persévérants et consciencieux.

GRENIER. professeur à la Faculté des sciences de Besançon. **Flore jurassique.** Première partie. Dycotylées, Dialypétales. Paris, 1865, in-8 de 540 p. . . . . 5 fr.
Le Tome II, qui paraîtra dans le courant de cette année, terminera ce premier supplément à la Flore de France de MM. Grenier et Godron.

GRIMAUX (Édouard), professeur agrégé à la Faculté de médecine de Paris. **Équivalents, atomes, molécules.** Paris, 1866. 1 vol. in-8 de 110 pages. . . . . 2 fr.

—— **Du baschich** ou chanvre indien. Paris, 1866. In-8. . . . . 1 fr. 50

GROMIER (E). professeur à l'Ecole de médecine de Lyon. Examen critique des idées nouvelles de M. G. Ville sur les engrais chimiques. Paris, 1868. Grand in-8. . . . . 2 fr.

HÉBERT (Paul). Théorie chimique de la formation des silex et des meulières. Paris, 1864. In-8 de 16 p. . . . . 1 fr.

HÉBERT (Edmond). professeur à la Faculté des sciences de Paris, et **DESLONGCHAMPS (E.),** professeur à la Faculté des sciences de Caen. **Mémoires sur les fossiles de Montreuil-Bellay** (Maine-et-Loire). Paris, 1860. 1 vol. in-8 avec 4 pl. de fossiles. . . . 4 fr. 50
Pour les autres publications de MM. Hébert et E. Deslongchamps, voir nos Catalogues d'Histoire naturelle.

HIDALGO (J. Gonzalez). Catalogue des mollusques testacés marins, des côtes d'Espagne et des îles Baléares. Paris, 1867. 1 vol. in-8, avec pl. col. . . . . 5 fr.

INSTRUMENTS D'AGRICULTURE (Les) à l'Exposition universelle de Londres. 1 vol. in-18. . . . . 55 c.

JANDEL (Aug.). La botanique sans maître ou étude des fleurs et des plantes champêtres de l'intérieur de la France, de leurs propriétés et de leurs usages en médecine, dans les arts et dans l'économie domestique, par la méthode Dubois. 2e édition. Paris, 1868. 1 vol. in-18. . . . . . 3 fr.

JANTET (Charles et Hector), docteurs en médecine. **De la vie** et de son interprétation dans les différents âges de l'humanité. Paris, 1860. 1 vol. in-8. . . . . 5 fr.

—— **Doctrine médicale matérialiste.** Paris, 1866. 1 vol. in-8. 6 fr.

JAUBERT et BARTHÉLEMY-LAPOMMERAYE, directeur du muséum d'histoire naturelle de Marseille. **Richesses ornithologiques du Midi de la France,** ou description méthodique de tous les oiseaux observés en Provence et dans les départements circonvoisins. Marseille, 1862. 1 vol. in-4, avec 20 pl. col. . . . . 40 fr.

JORDAN (Alexis). Diagnoses d'espèces nouvelles et méconnues pour servir de matériaux à une flore réformée de la France et des contrées voisines. Tome I, Ire partie. Paris, 1864. Gr. in-8 de 356 p. 9 fr. 50

—— **et FOURREAU (Jules). Breviarium plantarum novarum** sive specierum in horti plerumque cultura recognitarum descriptio contracta, ulterius amplianda. Fasciculus I. Parisiis, 1866. In-8 de 60 p. 5 fr.

—— **Icones ad floram Europæ,** novo fundamento instaurandam, spectantes.

  Cet ouvrage se publie par fascicules in-folio de 5 pl. gravées et coloriées avec soin et texte. Il comprendra environ 4,000 pl. Depuis le mois de novembre 1866, il paraît deux fascicules par mois. Prix de chacun. . . . . 9 fr.
  En vente les fascicules 1 à XXX.

JOULIN (D.), professeur agrégé à la Faculté de médecine de Paris. **Traité complet théorique et pratique des accouchements.** Paris, 1867. 1 fort volume grand in-8, de 1,200 pages avec 150 figures dans le texte. . . . . 16 fr.
  Ouvrage adopté par le Ministère de la guerre pour l'enseignement de l'École de santé militaire de Strasbourg, de la Faculté de médecine de Constantinople, etc.

—— **Des cas de dystocie appartenant au fœtus.** Paris, 1863. in-8. . . . . 3 fr.

—— **Du forceps et de la version dans les cas de rétrécissement du bassin.** Paris, 1865. 1 vol. in-8. . . . . 2 fr. 50
  Prix Capuron. Mémoire couronné par l'Académie de médecine.

KLEINHANS (R.). Album des mousses des environs de Paris, publié en 30 livraisons. Paris, 1863-1868. In-folio de 30 planches, avec texte explicatif. Prix de chacune. . . . . 75 c.
  En vente les livraisons I à XX (Phascacées, Weisiacées, Dicranacées, Leucobryacées, Fissidentacées, Séligériacées, Pottiacées, Bryacées, Polytrichacées).

KOLTZ (J. P. J.), agent des eaux et forêts. **Traitement du chêne** en taillis à écorces. 1859. 1 vol. in-18, avec 50 gravures. . . . . . 75 c.

LADREY. Art de faire le vin. 2e édition. Paris, 1865. 1 vol. in-18. 3 fr.
  SOMMAIRE DES CHAPITRES DE LA TABLE DES MATIÈRES
  Caractères généraux de la fermentation : I. Fermentation alcoolique. — II. Fermentation du moût de raisin. — III. Étude des substances produites pendant la fermentation. — IV. Préparation du vin, division et classification des opérations. — V. Vendange, récolte et triage du raisin. — VI. Foulage et égrappage. — VII. Disposition des cuves pendant la fermentation. — VIII. Hygiène des cuveries. — IX. État actuel de la chimie du vin.

— X. Durée de la fermentation, décuvage, pressurage. — XI. Mise en tonneau, remplissage. — XII. Soutirage. — XIII. Collage. — XIV. Soufrage. — XV. Mise en bouteilles. — XVI. Vinification. — XVII. Modifications apportées à la marche de la vinification dans certaines circonstances.

LADREY. Les établissements industriels et l'hygiène publique. Paris, 1867. 1 vol. in-8. . . . . 2 fr. 50

LAGASCA (M.). Genera et species plantarum. quæ aut novæ sunt, aut nondum recte cognoscuntur. Matriti, 1816. In-4 de 55 p. et 2 pl.. . 1 fr.

LAMBERT (Ed.), membre de la Société géologique de France. Voir *Nouveaux éléments d'histoire naturelle.*

LAMBERT (E.). Le déluge mosaïque, l'histoire de la géologie. Paris, 1868. In-8 de 140 pages. . . . . 2 fr. 50

—— **Nouveau guide du géologue voyageur aux environs de Paris.** dans les Ardennes, la Bourgogne, la Provence, le Languedoc, les Pyrénées, les Alpes, l'Auvergne, les Vosges, au bord de la Manche, de l'Océan et de la Méditerranée, en Belgique, en Suisse, en Italie, en Espagne, en Allemagne. Paris, 1868. 1 vol. in-18 avec figures et coupes géologiques coloriées. (*Sous presse.*)

LANGLEBERT (Edmond), docteur en médecine de la Faculté de Paris. **Traité théorique et pratique des maladies vénériennes,** ou Leçons cliniques sur les affections blennorrhagiques, le chancre et la syphilis, recueillies par M. Évariste Michel, revues et publiées par le professeur. Paris, 1864. 1 vol. in-8 de 700 pages, avec une bibliographie complète des ouvrages publiés jusqu'à ce jour sur la syphilis. . . . 8 fr.

Les discussions doctrinales n'ont point fait oublier à l'auteur que la médecine est avant tout l'art de guérir. *Primo sanare, deinde philosophari*; aussi M. Langlebert a apporté le plus grand soin à l'étude du diagnostic et du traitement et il a fait tous ses efforts pour que son livre offrît aux jeunes médecins non-seulement le tableau fidèle de l'état actuel de la science, mais encore un guide qui leur aplanît les difficultés de la pratique. La blennorrhagie et toutes ses complications chez l'homme et chez la femme, le chancre, les accidents secondaires et tertiaires de la syphilis constitutionnelle, la syphilis infantile, les questions d'hygiène sociale et de médecine légale qui s'y rattachent, y sont séparément décrits et exposés avec soin.

LAUJOULET. professeur d'arboriculture. **Taille et culture des arbres fruitiers.** Paris, 1865. 1 vol. in-18 avec pl.. . . . . . . 4 fr.
Ce livre a été accueilli avec la plus grande faveur par les principaux organes de la presse parisienne. (*Moniteur universel*, avril 1865. — *Presse,* — *Patrie,* — *Journal de la ferme,* etc.)

—— **Taille et culture de la vigne.** Conduite perfectionnée du vignoble et de la treille, à l'usage des écoles normales primaires, des écoles communales, des instituteurs, propriétaires et vignerons. Paris, 1866. 1 vol. in-18 avec figures dans le texte. . . . . 2 fr. 50

LEE (Henry). professeur de pathologie chirurgicale à l'hôpital Saint-Georges, membre honoraire du collège du Roi, à Londres. **Leçons sur la syphilis.** De l'inoculation syphilitique et de ses rapports avec la vaccination; leçons professées à l'hôpital Saint-Georges, traduites de l'anglais par le docteur Edmond Baudot, interne lauréat des hôpitaux de Paris. Paris, 1865. In-8 de 120 pages. . . . . 2 fr. 50

LEFÈVRE, naturaliste. **De la chasse et de la préparation des papillons.** Paris, 1863. In-8 avec pl. . . . . 1 fr. 25

LEGRAND DU SAULLE. médecin de l'hospice de Bicêtre, etc. **La folie devant les tribunaux.** Paris, 1864. 1 vol. in-8 de 600 pages. 8 fr.
Ouvrage couronné par l'Institut de France.

—— **Étude médico-légale sur la séparation de corps.** Leçons professées à l'École pratique en février 1866. In-8 de 54 pages. 1 fr. 25

—— **Étude médico-légale sur la paralysie générale** (folie paralytique) leçons professées à l'École pratique en 1866. In-8 de 52 p. 1 fr. 25

LEGRAND DU SAULLE. Étude médico-légale sur les assurances sur la vie. Leçons professées à l'École pratique. Paris, 1867. In-8 de 48 pages. . . . . 1 fr. 50

—— **et ORTOLAN.** professeur à la Faculté de droit de Paris. **Manuel pratique de médecine légale.** suivi d'un précis de chimie légale, par A. NAQUET. Paris. 1868. 1 fort vol. in-18. (*Sous presse.*)

LEMAIRE, docteur en médecine. **De la chasse et de la préparation des oiseaux.** Paris, 1865. In-8 avec pl. . . . . 1 fr. 25
      Voir FLORENT PRÉVOST.

LE ROUX, professeur de géométrie à l'École du Conservatoire des arts et métiers. **Cours de géométrie élémentaire** (Géométrie plane et géométrie dans l'espace). Paris, 1864. 1 v. in-18 de 500 pages avec 500 gr. dans le texte. . . . . 6 fr.
Séparément le tome II, comprenant la Géométrie de l'espace. . . . . 2 fr.
      La première partie comprend la *Géométrie plane;* elle est divisée en cinq livres.
      Les quatre premiers contiennent la matière des quatre premiers livres de Legendre, le cinquième est consacré aux courbes usuelles, *ellipse, parabole, hyperbole,* étudiées géométriquement dans leurs propriétés fondamentales.
      La seconde partie, ou *Géométrie dans l'espace,* est divisée en quatre livres.
      Le premier traite du plan et de la ligne droite. — Dans la rédaction de ce livre on a eu surtout en vue les applications à la géométrie descriptive.
      Le deuxième livre de la *Géométrie de l'espace* traite de la mesure de solides terminés par des surfaces planes.
      Le troisième est consacré à l'étude des propriétés de la surface sphérique.
      Enfin, le quatrième et dernier livre traite de la mesure des surfaces et des volumes, du Cylindre, du Cône et de la Sphère.
      Dans tout le cours de l'ouvrage, les matières qui sont du ressort des classes supérieures sont en petit caractère.

LEROY (Camille). Considérations sur les affections fébriles. ou maladies aiguës. Paris, 1846. 1 vol. in-8. . . . . 2 fr.

LOISEAU (de Montmartre), médecin du Bureau de bienfaisance du XVIIIe arrondissement. **Traitement préventif du croup par le tannage.** Paris. 1862. In-8. . . . . 75 c.

LORIOL (P. DE) et PELLAT (E.), membres de la Société géologique de France. **Monographie paléontologique et géologique de l'étage portlandien des environs de Boulogne-sur-Mer.** 1 vol. in-4, avec 10 pl. de fossiles. . . . . 20 fr.

—— **et COTTEAU (G.) Monographie paléontologique et géologique de l'étage portlandien du département de l'Yonne.** Paris, 1868. 1 vol. in-4 avec 15 pl. de fossiles. . . . . 22 fr. 50

LUCAS (H.), aide-naturaliste au Muséum d'histoire naturelle, chevalier de la Légion d'honneur. **Histoire naturelle des lépidoptères d'Europe.** suivie des instructions sur la chasse, la préparation, la conservation des papillons, et sur la manière de choisir et d'élever les chenilles. 2e édition revue et mise au courant de la science. Paris, 1864. 1 beau vol. grand in-8, cartonné en toile anglaise, non rogné, avec 80 planches coloriées représentant plus de 400 sujets. . . . . 25 fr.
      — LE MÊME OUVRAGE, demi-rel. chagrin, non rogné.. . .   . . . . 30 fr.
      Dans cette 2e édition, la classification ayant été mise au courant de la science, nous avons changé la lettre et les légendes de toutes les planches pour les mettre en harmonie avec le texte réimprimé et augmenté.

—— **Histoire naturelle des lépidoptères exotiques.** Paris, 1864. 1 beau vol. gr. in-8, cartonné en toile anglaise, non rogné, avec 80 pl. coloriées, représentant près de 400 sujets. . . . . 25 fr.
—— LE MÊME OUVRAGE, demi-rel. chagrin, non rogné. . . . . 30 fr.
      Voir PRÉVOST (Florent).

LUCAS (H.). Des papillons. Vade mecum du lépidoptérologiste, contenant l'histoire naturelle des insectes qui composent l'ordre des lépidoptères, leurs mœurs, la manière d'en faire la chasse, de les élever et de les conserver dans les collections. Paris, 1858. In-8 de 182 pages avec 5 planches gravées et coloriées. . . . . 2 fr. 50

LUCAS (**Louis**), auteur de la *Chimie nouvelle*, etc. **La médecine nouvelle**, basée sur des principes de physique et de chimie transcendantales, comprenant les principes de médecine, la physiologie (système nerveux, circulation et respiration), la pathologie. Paris, 1862-1863, 2 vol. in-18 formant ensemble 650 pages. . . . . 8 fr.

MAISONNEUVE (J. G.), chirurgien de l'Hôtel-Dieu de Paris. **Clinique chirurgicale.** Paris, 1863-1864. 2 volumes grand in-8, formant ensemble 1500 pages, avec figures dans le texte. . . . .

Le tome second, contenant les affections cancéreuses, la ligature extemporanée, les tumeurs de la langue, les maladies de l'ovaire, les hernies, etc., se vend séparément. . . . . 12 fr.

—— **Leçons cliniques sur les affections cancéreuses**, professées à l'hôpital Cochin, recueillies et publiées par le docteur ALEXIS FAVROT.

Ire PARTIE, comprenant les affections cancéreuses en général. In-8 avec planches lithographiées. Paris, 1852. In-8. . . . . 2 fr. 50
IIe PARTIE, compren. les affections cancéreuses du sein. 1854. In-8.   2 fr. 50

—— **Le périoste et ses maladies.** Paris, 1859. In-8. . . .   2 fr. 50

—— **Mémoire sur la désarticulation totale de la mâchoire inférieure.** Paris, 1859. In-4, avec planches noires. . . . .   6 fr.
Avec planches coloriées. 12 fr.

—— **De la ligature extemporanée** et de sa supériorité sur l'instrument tranchant pour l'extirpation de toutes les tumeurs pédiculées ou pédiculables, avec description des instruments nouveaux destinés à son exécution. 1860. 1 vol. in-4 avec planches. . . . . 6 fr.

MANGIN (Arthur), rédacteur du *Journal des économistes*. **De la liberté de la pharmacie.** Paris, 1864. In-8 de 48 p. . . . . 1 fr.

MANUEL de santé, nouveau traité de médecine usuelle, contenant : Notions de médecine nécessaires à tout le monde, Manuel d'hygiène pour les familles et les maisons d'éducation, Chirurgie des accidents, Art de l'oculiste, Art du dentiste, Art du pédicure, Pharmacie domestique, Recettes pharmaceutiques. Paris, 1853. 1 vol. in-18. . . . . 2 fr.

MARÈS (H.). Manuel pour le soufrage des vignes malades. Emploi du soufre, ses effets. 3e édition, avec figures, augmentée d'un chapitre sur les soufres. Montpellier, 1857. In-18. . . . . 1 fr.

MARTIN (Jules), membre de la Société géologique de France. **Paléontologie stratigraphique de l'infralias de la Côte-d'Or.** Paris, 1860. 1 volume in-4 avec 8 planches. . . . . 8 fr.

MASSE (J. N.), docteur en médecine, professeur d'anatomie. **Petit atlas complet d'anatomie descriptive du corps humain.** *Ouvrage adopté par le conseil impérial de l'instruction publique.* Nouvelle édition augmentée des tableaux synoptiques d'anatomie descriptive. Paris, 1867. 1 vol in-18 relié, de 115 planches gravées en taille-douce, avec texte en regard. . . . . 20 fr.

—— LE MÊME OUVRAGE avec les planches coloriées. . . . . 36 fr.
Plus de quarante mille exemplaires vendus depuis son apparition; des traductions dans toutes les langues attestent suffisamment l'accueil qui a été fait à cette utile publication. L'Atlas d'anatomie de Masse est devenu le *vade-mecum* de l'amphithéâtre

Le petit atlas complet d'anatomie descriptive du corps humain du docteur Masse, se vend séparément ainsi :

	PLANCHES.	FIG. COLORIÉES.	FIG. NOIRES.
1° Ostéologie et syndesmologie.	20	7 fr.	4 fr.
2° Myologie et aponévrologie.	22	7 fr.	4 fr.
3° Splanchnologie.	46	3 fr.	5 fr.
4° Angéiologie.	28	9 fr.	5 fr.
5° Névrologies.	27	9 fr.	5 fr.
6° Tableaux synoptiques d'anatomie descriptive.		2 fr.	2 fr.
	113	59 fr.	25 fr.

Chaque partie est accompagnée d'un texte explicatif du même format que les planches.

MASSE. (J. N.) Anatomie synoptique ou résumé complet d'anatomie descriptive du corps humain. Paris, 1867. 1 vol. in-18 de 116 pages.   2 fr.

Ces tableaux synoptiques sont extraits de la nouvelle édition du Petit Atlas d'Anatomie descriptive. On a fort approuvé l'idée qui a présidé à ce travail qui, sous une forme concise, est très-utile pour revoir rapidement les articulations, les insertions musculaires, l'angéiologie, la névrologie.

MAURIAC, médecin des hôpitaux. (*Voir* West.)

MAURIN (A.). Étude historique et clinique sur les eaux minérales de Néris. Paris, 1858. 1 vol. in-18. (5 fr. 50). . . . . . 50 c.

MAYGRIER (A. Les remèdes contre la rage. aperçu critique, historique et bibliographique depuis le seizième siècle jusqu'à nos jours. Paris, 1866. In-8 de 16 pages. . . . . 50 c.

MEUGY (A.). Ingénieur en chef des mines. **Leçons élémentaires de géologie appliquée à l'agriculture.** Paris, 1868. 1 v. in-8   4 fr. 50

MICHELIN (Hardouin), membre de la Société géologique de France. **Monographie des clypéastres fossiles.** Paris, 1861. 1 vol. in-4, avec 28 planches. . . . . 13 fr

MILLET (Auguste), professeur à l'École de médecine de Tours, médecin de la colonie pénitentiaire de Mettray, lauréat de l'Académie impériale de médecine (grand prix de 1852). **Traité complet de la diphthérie.** Paris, 1865. 1 vol. in-8. . . . . 6 fr.

—— **De la diphthérie du pharynx.** Paris, 1862. In-8. . . 2 fr. 25
Mémoire couronné (médaille d'or) par la Société centrale de médecine du département du Nord.

—— **De l'emploi thérapeutique des préparations arsenicales.** 2° édition entièrement refondue. Paris, 1865. 1 vol. in-8. .   4 fr.
Mémoire couronné par la Société centrale de médecine du département du Nord.

—— **De l'emploi des préparations ferrugineuses dans le traitement de la phthisie pulmonaire.** Paris, 1866. 1 vol. in-8.   1 fr. 50

MILLIÈRE (P.), membre de la Société entomologique de France. **Iconographie et description de chenilles** et lépidoptères inédits. Paris, 1859-1868. Cet ouvrage se publie par livraisons de texte grand in-8, avec planches gravées et coloriées avec une perfection extrême. Il a paru, au 30 juin 1868, 20 livraisons formant 1000 pages de texte et 92 planches. . . . . 115 fr.
Le prix de la livraison est fixé à raison de 1 fr. 25 la planche.

MOREAU (F.), docteur en médecine de la Faculté de Paris. **De la liqueur d'absinthe** et de ses effets. Paris, 1865. Brochure in-8.   1 fr.

MORIN (Ed.), pharmacien en chef de l'hôpital de Lourcine. **Lois générales de la chaleur rayonnante.** Paris, 1865. In-8 de 81 pages. . 1 fr. 50

MOUCHON (Em.). **Essai pratique sur les sirops alcooliques.** Paris, 1860. 1 vol. in-8 . . . . 3 fr. 50

MULSANT (E.). Professeur d'histoire naturelle au lycée impérial de Lyon.
—— **Histoire naturelle des coléoptères de France.**

—	**Lamellicornes.** Paris, 1842. 1 vol. in-8. . . .	17 fr.	»
—	**Palpicornes.** Paris, 1844. 4 vol. in-8.	5	»
—	**Sulcicolles.—Sécuripales.** Paris, 1846. 1v. in-8.	10	»
—	**Latigènes.** Paris, 1854. 1 vol. in-8.	10	»
—	**Pectinipèdes.** Paris, 1855. 1 vol. in-8.	5	»
—	**Barbipales.— Longipèdes. — Latipennes.** Paris, 1856. 1 vol. in-8.	10	»
—	**Vésicants.** Paris, 1857. 1 vol in-8.	6	»
—	**Angustipennes.** Paris, 1858. 1 vol. in-8. . . .	4	50
—	**Rostrifères.** Paris, 1859. 1 vol. in-8.	1	75
—	**Altisides,** par C. Foudras. Paris, 1859-60, 1 v. in-8.	10	»
—	**Mollipennes.** Paris, 1862. 1 vol. in-8.	12	50
—	**Longicornes.** Paris. 1863. 1 vol. in-8..	15	»
—	**Angusticoles - Diversipalpes.** Paris, 1863. 1 vol. in-8.	5	50
—	**Térédiles.** Paris, 1864. 1 vol. in-8 avec 10 pl. .	14	»
—	**Fossipèdes-Brévicolles.** Paris, 1865. 1 vol. in-8 avec 6 pl.	5	50
—	**Colligères.** Paris, 1866. 1 vol. in-8.	6	50
—	**Vésiculifères.** Paris, 1867. 1 vol. in-8 avec 7 pl.	11	»
—	**Scuticolles.** Paris, 1867. 1 vol. in-8 avec 2 pl.	6	»

—— **Monographie des Coccinellides.** Première partie : **Coccinelliens.** Paris, 1866. 1 vol grand in-8 de 300 pages. . . . . 8 fr.

—— **Histoire naturelle des punaises de France.** Premier volume. **Scutellérides.** Paris, 1865. 1 vol. grand in-8. . . . . 4 fr. Deuxième volume : **Pentatomides.** Paris, 1866. 1 vol. grand in-8 de 372 pages. . . . . 11 fr.

—— **et VERREAUX (J. E.). Essai d'une classification méthodique des trochilidées ou oiseaux-mouches.** Paris, 1867. 1 vol. in-8. . . . . 2 fr. 50

NAQUET (J. A.), professeur agrégé à la Faculté de médecine de Paris. **Principes de chimie** fondée sur les théories modernes. 2ᵉ édition, revue et considérablement augmentée. Paris, 1867. 2 vol. in-18, de 1.100 p. avec fig. dans le texte. . . . . 10 fr.

Une première édition épuisée en dix-huit mois; des traductions en anglais, en allemand témoignent de l'opportunité du livre de M. Naquet et de la faveur avec laquelle il a été accueilli.

—— **Des sucres.** Paris, 1863. 1 vol. in-8. . . . . 1 fr. 50

—— **De l'allotropie et de l'isomérie.** Paris, 1860. Gr. in-8. 2 fr. 50

—— **De l'atomicité.** Paris, 1868. Brochure grand in-8. . . . . . 1 fr.

—— **et DUBRISAY,** ancien interne des hôpitaux de Paris. **Manuel de thérapeutique et de matière médicale.** Paris, 1869. 1 volume in-18 de 700 pages. (*Sous presse*).

—— **Manuel de toxicologie.** Paris, 1869. 1 v. in-18 de 300 p. (*Sous presse.*)

NAQUET, LEGRAND DU SAULLE et ORTOLAN. Manuel de médecine légale. (*Voir* Legrand du Saulle.) *Sous presse.*

NOUVEAUX ÉLÉMENTS D'HISTOIRE NATURELLE, à l'usage des lycées, des candidats au baccalauréat ès sciences, etc., par M. E. Lambert. 3 vol. in-18 avec 440 gr. dans le texte. .   . . . 7 fr. 50

—— **Géologie.** 2ᵉ édition. Paris, 1867. 1 v. in-18 de 240 p. avec 142 grav. dans le texte.

—— **Botanique.** Paris, 1864. 1 vol. in-18 avec 202 gravures dans le texte.

—— **Zoologie.** Paris, 1865. 1 vol. in-8 avec 100 gravures dans le texte.
   Chaque volume se vend séparément.. . . . . 2 fr. 50

Ces Nouveaux Éléments d'histoire naturelle ont été rédigés dans le but d'offrir aux jeunes gens un cours clair et méthodique, pouvant leur servir de préparation immédiate aux examens du baccalauréat ès sciences et aux écoles du gouvernement.

Plus de six cents figures enrichissent ces trois volumes, qui sont imprimés sur beau papier ; c'est assez dire que nous n'avons rien négligé pour que l'exécution matérielle soit irréprochable.

Nous avons fait précéder chacun des trois volumes de l'histoire abrégée de la science qu'il traite. N'est-il pas naturel, en effet, en étudiant une science, de chercher à connaître son origine, ses progrès ou le développement de l'esprit humain ? Nous pensons que l'on nous saura gré de cette innovation.

ODEPH (A.). Traité complet de la culture de l'opium indigène, précédé de la possibilité pratique de l'obtenir en France, suivi de la fabrication de l'huile d'œillettes. 1865. In-18. . . . . 2 fr

OMALIUS D'HALLOY. membre de la Société géologique de France. **Abrégé de géologie.** 8ᵉ édition. Paris 1869. 1 vol. in-18 avec figures dans le texte.. . . . . 10 fr.

ORTOLAN. professeur de droit criminel à la Faculté de droit de Paris. **Manuel de médecine légale.** (*Voir* Legrand du Saulle.)

PAJOT. professeur à la Faculté de médecine de Paris. **Traité complet des maladies puerpérales** et en général de toutes les affections des femmes accouchées. Paris, 1869. 1 vol. gr. in-8.

PARLATORE (Ph.). Plantæ novæ vel minus notæ opusculis diversis olim descriptæ. Parisiis, 1842. In-8 de 87 p. . . . 50 c.

PARVILLE (Henri de). Découvertes et inventions modernes. Poudre à tirer. — Pyrotechnie. — Machines à vapeur. — Bateaux à vapeur. — Chemins de fer. — Télégraphie électrique. Paris, 1866. 1 vol. in-18 avec 160 gravures dans le texte.. . . . . 1 fr. 50

—— **Causeries scientifiques,** découvertes et inventions, progrès de la Science et de l'Industrie. **Première année,** 1861. 1 vol. in-18 avec 22 gravures dans le texte. (5 fr. 50). . . . . 1 fr. 50

Télégraphie transatlantique. — Les eaux de Paris. — Construction du nouvel Opéra. — Éclairage et ventilation des théâtres. — Moteur Lenoir. — Gaz Chandor. — Concile de juin 1861. — Fabrication industrielle de la glace. — Câble sous-marin de la Méditerranée. — Recherches de M. Fremy sur l'acier. — Puits artésien de Passy. — Canot inchavirable de M. Mouë. — Analyse spectrale. — Travaux de MM. Bunsen et Kirchhoff. — Construction du pont de Kehl. — Chauffage des wagons, etc., etc.

—— **Deuxième année,** 1862. 1 vol. in-18 avec 50 gravures et un spectre solaire colorié.

Ce volume ne se vend qu'avec la collection des six années des Causeries qui reprennent alors leur ancien prix de 5 fr. 50, soit pour les 6 années 21 fr.

Structure de la terre. — Photographie microscopique. — Vaisseaux cuirassés. — La lune rousse. — Chemin de fer hydraulique glissant. — Nœud vital. — Exposition de Londres. — Analyse spectrale. — Le stéréoscope. — Dernières études de M. Frémy. — Les aciers français. — Le mal de mer. — Tunnel des Alpes. — Vitesse de la lumière. — Les comètes de 1862. — Pierres précieuses artificielles, etc., etc.

—— **Troisième année**, 1863. 1 vol. in-18 jésus, avec 58 grav.   1 fr. 50

Alimentation publique. — Physique attrayante. — Les spectres. — Fantasmagorie. — L'homme fossile. — Transmission électrique des sons. — Les comètes de 1863. — Photo-sculpture. — Panté-légraphe Caselli. — Agrandissements photographiques. — Succédanés du coton. — L'aérothé-rapie. — Piqûres de mouche. — Direction des ballons. — Aéro-nef. — Ballons chemins de fer. — Nouveaux procédés de gravure Dulos. — Éclairage. — Les huiles de pétrole. — Production artificielle des perles fines. — Au bord de la mer. — Marées. — Mascaret. — Prédiction du temps, etc., etc.

—— **Quatrième année**, 1864. 1 vol. in-18 jésus avec 54 grav.   1 fr. 50

Science et poésie. — Histoire d'une goutte d'eau. — Transfusion du sang. — La dialyse à propos du procès La Pommerais. — Mouches à feu. — Chemin de fer laminoir. — Trains de plaisir aériens. — La vérité sur l'aviation et le plus lourd que l'air. — Association scientifique. — Bateau plongeur. — L'électricité chirurgien. — La grippe. — Lecture des nerfs. — Transformation de l'homme. — Machine à faire les cartes de visite. — Sommeil léthargique. — Inhalation de l'oxy-gène. — Serre-frein électrique Achard. — Virus vaccin. — Discussion sur les générations spon-tanées. — Enseignement libre. — Physiologie végétale. — Conférences de la Sorbonne. — Loco-motive électro-magnétique. — Montage hydraulique des matériaux de construction. — Les eaux de Marly et de Versailles, etc.

—— **Cinquième année**, 1865. 1 vol. in-18 jésus avec 22 grav.   1 fr. 50

Dans le soleil. — Les merveilles du monde végétal. — La lumière au magnésium. — Poissons Tyndall. — Le rhume de cerveau. — Nouvelle machine électrique de Holz. — L'absinthe. — Le choléra en 1865. — Discussions académiques. — Bateaux. — Chars. — Chemins de fer du mont Cenis. — Le nitro-glycérine. — Poudre à canon explosive ou inexplosive à volonté. — Pluralité des mondes. — A travers l'espace. — Le gaz aux pommes. — Les mines d'or et d'argent de la Californie. — Conservation des vins. — Plongeur Rouquayrol. — Maladie des vers à soie. — Bouées électriques. — Photographies vitrifiées. — Les bains. — Assainissement de l'air. — Ovariotomie. — Hygiène, etc., etc.

—— **Sixième année**, 1866. 1 vol. in-18 jésus avec 47 grav.   1 fr. 50

Le câble transatlantique. — L'éruption de Santorin. — Les fusils à aiguille. — Les trichines. — Le palais de l'Exposition universelle. — Les étoiles périodiques. — Conférences sous le pa-tronage de l'Impératrice. — Tremblement de terre. — La gaieté en bouteilles. — Rupture des essieux de chemins de fer. — Pluie d'étoiles filantes. — Sur le ballast. — L'invasion des sau-terelles. — Un nouveau monde. — La pieuvre. — Curiosités de l'année. — Nivellement sans in-struments. — Plus d'aveugles. — Les nouveau-nés. — Antiseptique végétal. — Maladie des vers à soie. — Les phares électriques. — Nouvelles substances explosibles, etc., etc.

PASSOT (**Ph.**), docteur en médecine. **Études et observations obstétricales.** 1 vol. in-8 . . . .   2 fr.

—— **Leçons d'un instituteur.**
Voir *Collection de volumes à 1 franc.*

PAYER (**J.-B.**), membre de l'Institut. **Botanique cryptogamique,** ou histoire naturelle des familles de plantes inférieures. 2ᵉ édition revue et augmentée de notes par BAILLON, professeur de botanique à la Faculté de médecine de Paris. Paris, 1868. 1 vol. gr. in-8, avec 1110 figures dans le texte . . . .   15 fr.

Des annotations rendues nécessaires par les progrès de la science ; plusieurs renvois à des genres nouveaux dont l'importance est incontestable, quelques appréciations et corrections écrites en marge d'un exemplaire par le savant cryptogamiste Montagne, et l'indication à la fin de chaque famille des principaux travaux dont elle a été l'objet dans ces derniers temps, une table alphabétique des genres : telles sont les additions faites au texte primitif.

PEERS (**Baron E.**). **De la culture perfectionnée du froment,** traduit de l'anglais sur la 14ᵉ édition. 1856. 1 vol. in-18 . . . . .   40 c.

PERREYMOND. Plantes phanérogames qui croissent aux environs de Fréjus. avec leur habitat et l'époque de leur floraison. Paris, 1833. In-8 de 92 pages . . . .   1 fr.

PERROUD, médecin de l'Hôtel-Dieu de Lyon. **De la tuberculose, ou de la phthisie pulmonaire** et des autres maladies dites scrofu-leuses et tuberculeuses, étudiées spécialement sous le double point de vue de la nature et de la prophylaxie. Paris, 1861. 1 vol. in-8 . . .   5 fr.

Ouvrage couronné par la Société de médecine de Bordeaux.

PERROUD. De l'état charbonneux du poumon à propos de quelques faits graves d'anthracosis. Saint-Étienne, 1862. In-8 . . 75 c.

—— **Influence des pyrexies sur les principaux phénomènes de la menstruation.** In-8 de 30 p. . . . . 75 c.

—— **Note sur l'albuminurie.** In-8 . . . . 75 c.

PEYRON. Le parfait maître de chais, ou Guide complet à l'usage des propriétaires de caves, des commerçants de liquides et de toutes les personnes qui ont des vins et eaux-de-vie à soigner et à manipuler, donnant sans aucun calcul le titre réel des alcools contenus dans chaque qualité de vin, orné de 10 grandes planches contenant ensemble 28 fig., représentant les alcoolomètres GAY-LUSSAC, BAUMÉ, CARTIER, GILBERT, le thermomètre GAY-LUSSAC, de RÉAUMUR et de FAHRENHEIT, l'alambic SALLERON, les 6 couleurs types des eaux-de-vie, l'appareil à filtrer les eaux-de-vie et les esprits. 1865. 1 vol. in-8° . . . . 5 fr.

PHILIPEAUX (R.). Lauréat de l'Académie des sciences, de l'Académie de médecine, correspondant de la Société impériale de chirurgie, etc. **Traité de thérapeutique de la coxalgie,** suivi de la description de **l'appareil inamovible,** pour le traitement des coxalgies, par le Pʳ VERNEUIL. Paris, 1867. 1 vol. in-8 avec figures intercalées dans le texte. . . . . 8 fr.

PICTET (F. J.). Matériaux pour la paléontologie suisse. Genève, 1854-1862. 1ʳᵉ série, 4 parties publiées en 11 livraisons, avec 64 planches lithographiées, in-4 relié en toile. . . . . 95 fr.

On vend séparément.

—— **Description du terrain aptien de la Perte du Rhône.** etc. Genève, 1854-1858, in-4, avec 23 planches. . . . . 40 fr.

—— **Mémoires sur les animaux vertébrés trouvés dans le terrain sidérolithique du canton de Vaud.** par PICTET, C. GAUDIN et PH. DE LA HARPE. Genève, 1857. In-4, avec 15 planches. . . . . 26 fr.

—— **Monographie des Chéloniens de la Molasse suisse,** par PICTET et A. HUMBERT. Genève, 1856. In-4, avec 22 planches. . . . 30 fr.

—— **Description d'une Emyde nouvelle** (*Emis Etalloni*) **du terrain jurassique supérieur de Saint-Claude** par PICTET et HUMBERT. Genève, 1857, avec 3 planches. . . . . 5 fr.

2ᵉ série. 2 parties publiées en 12 livraisons formant 2 vol. in-4, avec 55 planches, 4 coupes géologiques et atlas de 7 planches in-fol. 125 fr.

On vend séparément.

—— **Description des fossiles du terrain crétacé de Sainte-Croix,** par F. J. PICTET et CAMPICHE, 1ʳᵉ partie, in-4, avec 45 planches et 2 coupes. . . . . 80 fr.

—— **Description des fossiles contenus dans le terrain néocomien des Voirons,** par PICTET et P. DE LORIOL, in-4, avec 2 coupes, 12 planches et atlas de 7 pl. in-folio. . . . . 50 fr.

3ᵉ série, 2 parties publiées en 16 livraisons. . . . . 150 fr.

On vend séparément.

—— **Description des reptiles et poissons fossiles de l'étage virgulien du Jura Neuchatelois,** par MM. PICTET et JACCARD, avec 20 planches. . . . . 26 fr.

—— **Description des fossiles du terrain crétacé de Sainte-Croix,** par F. J. PICTET et G. CAMPICHE, 2ᵉ partie, 97 feuilles de texte et 55 planches. . . . . 110 fr

PICTET (F.-J.) Mélanges paléontologiques.

1re livraison, contenant quelques notices sur des Céphalopodes crétacés. Paris, 1868; in-4 avec 7 pl. . . . . 8 fr.

2e livraison, contenant Faune à Terebratula diphyoïdes de Berrias (Ardèche). Paris, 1867; in-4 avec 21 pl. . . . . 25 fr.

3e livraison, contenant, étude de Térébratules du groupe de la T. Diphya; in-4 avec 7 pl. . . . . 10 fr.

—— **Description de quelques poissons fossiles du mont Liban.** 1re série. Genève, 1850. 1 vol. gr. in-4, avec 10 pl. . . . 15 fr.

—— **Notice sur les Animaux nouveaux** peu connus du musée de Genève. 1841-1844. Ire, IIe liv. Rats du Brésil. IIIe et IVe liv. Mammifères avec 23 planches coloriées. . . . . 22 fr.

—— **Description d'un veau monstrueux,** formant un genre nouveau (Hétéroïde). Genève, 1850. In-4.. . . . . 3 fr.

—— **Notice sur quelques anomalies de l'organisation (Polypage et Pleuromèle).** Genève, 1855. In 4 avec 4 planches. . . 5 fr.

—— **Description de quelques nouvelles espèces de Névroptères.** Genève. 1836. In-4, avec figures. . . . . 2 fr.

—— **Notes sur les organes respiratoires des Capricornes.** Genève, 1836. In-4 avec figures. 1 50

—— **Recherches pour servir à l'histoire et à l'anatomie des Phryganites.** Genève, 1834. 1 vol. in-4, avec 40 pl. col. (40.) . 20 fr.

—— **Histoire naturelle, générale et particulière des insectes Névroptères.** Première monographie. Familles des Perlides. Genève, 1841. 2 vol. in-8 cart. avec 53 pl. gravées et coloriées. (66.). . . . 20 fr.

—— Deuxième monographie. Famille des Éphémérides. Genève, 1843. 2 vol. in-8, cart. avec 47 pl gravées et coloriées. (66.). . . . . 20 fr.

—— **et HUMBERT (N.). Nouvelles recherches sur les poissons fossiles du mont Liban.** Genève, 1866. In-4, de 115 pages et 19 planches. . . . . 25 fr.

PICTET (Ed.). Synopsis des Névroptères d'Espagne. Genève, 1865. In-8 de 124 p. avec 14 pl. grav. et col.. . . . . 20 fr.

PLANCHON (G.), professeur à l'École supérieure de pharmacie de Paris. **Guide pratique** pour la détermination des drogues simples et usuelles. Paris, 1869. 1 vol. in-18 avec figures dans le texte (sous presse). . .

—— **Des quinquinas.** Paris, 1866. 1 volume in-8 . . . . . 3 fr. 50

Pour les autres publications de M. Planchon, voir nos Catalogues d'Histoire naturelle.

POTTON, docteur en médecine de la Faculté de Paris. **De la goutte** et du danger des traitements empiriques qui lui sont opposés; de son traitement rationnel. Paris, 1860. 1 vol. in-8. . . . . 2 fr.

PRAVAZ (Ch. G.). Traité théorique et pratique des luxations congénitales du fémur, suivi d'un appendice sur la prophylaxie des luxations spontanées. Paris, 1847. 1 vol. in-4 avec 10 pl. (20).. . . . . 12 fr.

PRÉVOST (F.). Des animaux d'appartement.
Voir *Collection de volumes à 1 franc.*

PRÉVOST (**Florent**), aide-naturaliste de zoologie au Muséum d'histoire naturelle, chevalier de la Légion d'honneur, etc.; et **C. LEMAIRE**, docteur en médecine. **Histoire naturelle des oiseaux d'Europe.** Paris, 1864. 1 beau vol. gr. in-8, cartonné en toile anglaise, non rogné, avec 80 planches gravées en taille-douce et coloriées avec soin, représentant 200 sujets . . . . 25 fr.

—— Le même ouvrage, demi-reliure chagrin, non rogné. . . . . . 50 fr.

—— **Histoire naturelle des oiseaux exotiques.** Paris, 1864. 1 beau vol. gr. in-8, cartonné en toile anglaise, avec 80 pl. gr. en taille-douce et col. avec soin, représentant 200 sujets . . . . 25 fr.

—— Le même ouvrage, demi-reliure chagrin, non rogné. . . . . . 50 fr.

Il n'est rien de plus attrayant, pour les personnes qui ont le goût de l'histoire naturelle, que l'étude des oiseaux et des papillons. Les quatre volumes que nous annonçons (H. Lucas, Florent Prévost et Lemaire) se recommandent aux gens du monde par la netteté des descriptions et la clarté du classement des espèces. Les noms des auteurs sont en outre une garantie de leur valeur scientifique. Le coloris des planches, gravées en taille-douce avec le plus grand soin, a été exécuté d'après les aquarelles des voyageurs et des artistes les plus distingués.

Un traité pour l'empaillage et la chasse des oiseaux, ainsi que pour la préparation et la conservation des papillons et des insectes, accompagne chaque traité.

Voir Lucas.

PUECH, ancien chirurgien, chef interne des hôpitaux de Toulon. **De l'atrésie des voies génitales de la femme.** Paris, 1864. In-4. 5 fr.

—— **De l'hématocèle périutérine.** Paris, 1861. In-8. . . 1 fr. 50

—— **De l'hématocèle périutérine** et de ses sources. Paris, 1858. 1 vol. in-8. . . . . 3 fr.

—— **De l'apoplexie des ovaires.** Paris, 1858. Brochure in-8. 1 fr.

QUANTIN (**Émile**), docteur en médecine de la Faculté de Paris. **Prostitution et syphilis.** Paris, 1863. 1 vol. in-18. . . . . . . 1 fr. 25

—— **De la chorée.** Dijon, 1859. 1 vol. in-18. . . . . 5 fr.

RAMES (**S. B.**). **Étude sur les volcans.** Paris, 1866. 1 volume in-32. . . . . 1 fr. 25

RETOURNARD (**F.**). **Notices sur l'établissement des houblonnières** dites du système à poteaux, fils de fer et ficelles. Ramberviller, 1867, in-18, avec planches. . . . . 75 c.

REY (**A.**), professeur de jurisprudence, de clinique et de maréchalerie à l'École impériale vétérinaire de Lyon. **Traité de jurisprudence vétérinaire,** contenant la législation sur les vices rédhibitoires et la garantie dans les ventes d'animaux domestiques, suivi d'un **Traité de médecine légale** sur les blessures et les accidents qui peuvent survenir en chemin de fer. Paris, 1865. 1 vol. in-8 de 600 p. . . . . . 7 fr. 50

—— **Traité de maréchalerie vétérinaire,** comprenant l'étude de la ferrure du cheval et des autres animaux domestiques, sous le rapport des défauts d'aplomb, des défectuosités et des maladies du pied. 2e édition, augmentée. Paris, 1865. 1 vol. in-8, avec 174 fig. dans le texte. . . 9 fr.

RICHARD (**Achille**) **ET MARTINS** (**Charles**). **Nouveaux éléments de botanique** contenant l'organographie, l'anatomie et la physiologie végétales, les caractères de toutes les familles naturelles, par Achille Richard, 9e édit., augmentée de notes additionnelles par Charles Martins, professeur de botanique à la Faculté de médecine de Montpellier, directeur du Jardin des plantes de la même ville, correspondant de l'Institut de

France et de l'Académie de médecine de Paris. Paris, 1864. 1 vol. in-18 avec 500 fig. dans le texte.. . . . . 6 fr.

Peu d'ouvrages classiques ont eu la fortune des *Éléments de botanique* de Richard, mais la fortune en ce cas n'a pas été aveugle; et la faveur dont jouit ce livre dans les générations d'étudiants qui se succèdent depuis trente ans se justifie par l'ingéniosité de sa méthode, la lucidité de son exposition et l'attrait de son style. Aucun écrivain n'a exposé la botanique avec cette simplicité qui caractérisait son enseignement oral. La mort de ce savant n'a nullement ralenti le succès de son œuvre, mais elle pouvait en immobiliser le progrès. En 1852, lors de la publication de la huitième édition, ces Éléments étaient complétement au niveau de la science moderne; mais depuis cette époque les travaux de MM. H. Mohl, Tulasne, Unger, Trécul, Hofmeister, Naegli, de Bary, Pringsheim, A. Gris, H. Schacht, lui ont pour ainsi dire imprimé un mouvement nouveau. Un botaniste qui se glorifie d'avoir été l'élève et l'ami de Richard, M. le professeur Ch. Martins, a, par dévouement pour sa mémoire, accepté la tâche de tenir ce manuel au courant des acquisitions scientifiques contemporaines, et il suffit de parcourir cette neuvième édition pour voir que Richard lui-même n'y eût mis ni plus de conscience, ni plus de talent.

Le lecteur s'assurera en parcourant ce livre de l'importance des additions dont le professeur Martins a enrichi cette édition nouvelle. Il s'est évidemment proposé de remplacer Richard, et ce but, il l'a complétement atteint. Parmi les articles additionnels, nous indiquerons les méats intercellulaires, les vaisseaux du latex, la structure du bois, la respiration végétale, la formation de l'embryon, la parthénogénèse, la fécondation entre espèces différentes et la géographie botanique. En ce qui concerne les familles, le professeur Martins, laissant intacte cette partie de l'ouvrage de Richard, s'est contenté d'y ajouter la liste des familles rangées suivant la méthode de Candolle. Il justifie cette addition par l'extrême facilité que cette classification offre aux commençants.

Cette dernière édition, avec les compléments dont l'a enrichie le professeur Martins, est le tableau extrêmement fidèle de l'état de la science botanique.

RICHARD (de Nancy), directeur de l'École de médecine de Lyon. **Traité de l'éducation physique des enfants**. 5ᵉ édition, augmentée. Paris, 1861. 1 vol. in-18. . . . . 4 fr.

——— **Commentaire physiologique sur la personne d'Horace.** Paris, 1863. 1 vol. in-18. . . . . 3 fr. 50

RIOUX (J.), docteur en médecine. **La médecine des familles** ou Traité des propriétés médicinales, des plantes indigènes et de celles qui sont généralement cultivées en France; contenant, pour chaque espèce : sa description botanique; ses propriétés alimentaires et médicinales; l'indication de la manière dont on doit l'employer; les soins à prendre pour la récolter, la sécher et la conserver; le traitement de l'empoisonnement par celles qui sont vénéneuses. Paris, 1862. 1 volume in-18. . 1 fr.

ROLLAND DU ROQUAN. Description des coquilles fossiles de la famille des rudistes, qui se trouvent dans le terrain crétacé de Corbières (Aude). Carcassonne, 1841. Avec 8 pl. (9 fr.). . . . . 3 fr.

ROLLET (S.), ancien élève de l'École des mines. **Cours élémentaire et pratique du chauffage,** de l'entretien et de la conduite des chaudières à vapeur, fixes, locomobiles, locomotives et de bateaux à vapeur. Paris, 1857. 1 vol. in-4, avec planches. . . . . 6 fr.

ROUX. Traité pratique de l'éducation des abeilles. Paris, 1856. 1 vol. in-18, avec figures dans le texte . . . . 2 fr

SABATIER (A.), professeur agrégé à la Faculté de médecine de Montpellier. **Recherches anatomiques et physiologiques** sur les appareils musculaires correspondants à la vessie et à la prostate dans les deux sexes. Paris, 1864, in-8 avec 4 pl. . . . . 3 fr. 50

——— **Réflexions sur un cas rare de transposition générale des viscères,** avec conservation de la direction normale du cœur. Paris, 1865. 1 vol. in-8 avec pl. . . . . 2 fr.

——— **De l'absorption.** Paris, 1866, in-8. . . . . 3 fr. 50

SAINT-CYR, professeur à l'École vétérinaire de Lyon. **Recherches anatomiques, physiologiques et cliniques, sur la pleurésie du cheval.** Paris, 1860. 1 vol. in-12. . . . . 2 fr. 50

SALES-GIRONS, médecin inspecteur de l'établissement de Pierrefonds, rédacteur de la *Revue médicale* **Traitement de la phthisie pulmonaire** par l'inhalation des liquides pulvérisés et par les fumigations de goudron. Paris, 1860. 1 vol. in-8 de 600 pages. . . . . 5 fr.

SECCHI (R. P.), directeur de l'Observatoire romain, membre correspondant de l'Institut de France, etc. **De l'unité des forces physiques dans la nature**, traduit de l'italien sous les yeux de l'auteur, par M. DELESCHAMPS. Paris, 1868. 1 vol. in-18 avec figures dans le texte. 6 fr.

SCHACHT (H). Le microscope et son application spéciale à l'étude de l'anatomie végétale, traduit de l'allemand sur la troisième édition, par Paul Dalimier. Paris, 1865. 1 vol. in-8 avec 110 fig. dans le texte et 2 pl. 8 fr.

SÉMANAS. Doctrine pathogénique fondée sur le digénisme phlegmasi-toxique et ses composés morbides. Paris, 1858. 1 vol. in-8. (4 fr. 50) . . . . 2 fr.

—— **Traité des frictions quiniques chez les enfants.** Paris, 1859. 1 vol. in-8. (4 fr. 50). . . . . 2 fr.

SERAINE (D' Louis). De la santé des gens mariés, ou physiologie de la génération de l'homme et hygiène philosophique du mariage. 2° édition. Paris, 1866. 1 beau vol. in-18 de 400 p. . . . . 5 fr.

SOMMAIRE DES PRINCIPAUX CHAPITRES DE LA TABLE DES MATIÈRES.

I. Du sens génésique. — II. Des organes reproducteurs. — III. Limite de la puissance sexuelle. — IV. Du mariage et de la maternité. — V. Du célibat et de ses inconvénients. — VI. Conformation vicieuse des organes reproducteurs. — VII. Syncope génitale. — VIII. Atonie des organes. — IX. Perversion nerveuse. — X. Absence ou vice de composition des germes. — XI. Hérédité de structure. — XII. Hérédité physiologique. — XIII. Hérédité de quelques diathèses. — XIV. Hérédité de quelques névropathies. — XV. Hérédité morale.

Depuis longtemps il nous semblait regrettable qu'il n'existât pas sur ces questions un livre sérieux et honnête écrit au nom de la science, dans un style simple et chaste, où les personnes mariées puissent étudier sans rougir ce sujet qui les intéresse si fort dans leur personne et leur postérité. Nous nous sommes efforcé de combler cette lacune.   L. SERAINE.

SERINGE (N. C.). Description et culture des mûriers, leurs espèces et leurs variétés. Paris, 1855. 1 vol. grand in-8, avec figures dans le texte, accompagné d'un atlas in-4 de 27 planches. . . . . . 9 fr.

SÉRULLAZ, docteur en médecine, lauréat de l'Académie de médecine de Paris. **Mémoire sur le traitement du croup** par la cautérisation laryngée. Nouveau procédé. Paris, 1863. Brochure in-8. . . . . . . 1 fr.

SERVE. Mémoire sur les flueurs blanches et leur traitement par l'iodure de potassium et les injections de coloquinte. Paris, 1843. In-8. . . . . 2 fr.

TERQUEM et PIETTE. Le lias inférieur de l'est de la France. Paris, 1865. In-4 de 176 p. avec 18 pl. de fossiles. . . . . 15 fr.

TISSERANT (E.), professeur à l'École vétérinaire de Lyon. **Guide des propriétaires et des cultivateurs** dans le choix, l'entretien et la multiplication des vaches laitières. 2° édition. Paris, 1861. 1 vol. in-12. avec gravures. . . . . 4 fr.

TOURNIER (Émile). Nouveau Manuel de chimie simplifiée pratique et expérimentale sans laboratoire, manipulations, préparations, analyses contenant : 1° des ustensiles, appareils et procédés d'opérations les plus faciles ; 2° principes de la chimie, préparation, étude et usage des corps minéraux et organiques avec les noms anciens et nouveaux, expériences, procédés, recettes d'économie domestique et industrielle, etc.; 3° précis d'analyse, essais, recherche des falsifications. Paris, 1867. 1 vol. in-18 avec 500 figures dans le texte. . . . .   2 fr. 50

TRAITÉ DE BOTANIQUE divisé en trois parties comprenant : 1° l'anatomie et la physiologie végétale; 2° la classification des végétaux selon la méthode de Jussieu ; 3° l'herborisation avec l'indication des plantes médicinales les plus usuelles de leurs différentes propriétés et de leur emploi particulier. 2° édition, augmentée d'un vocabulaire français-latin des principaux termes de botanique, d'un index alphabétique de tous les noms de plantes cités. Paris, 1853. 1 vol. in-8, avec 27 planches et 3 tableaux. 5 fr.

TRIQUET, médecin et chirurgien du dispensaire pour les maladies de l'oreille, ancien interne lauréat des hôpitaux (médaille d'or 1849), etc. **Leçons cliniques sur les maladies de l'oreille,** ou Thérapeutique des affections aiguës et chroniques de l'appareil auditif. Paris, 1863. 1 vol. in-8 avec fig. dans le texte. . . . .   4 fr.

TRUTAT (Eugène), conservateur du Musée d'histoire naturelle de Toulouse, etc. **Étude sur la forme générale des crânes chez l'ours des cavernes.** (Extrait d'un Traité de paléontologie quaternaire.) Paris. 1866. In-8 de 20 pages, tabl. et 2 pl. . . . .   2 fr.

VACHER (L.), docteur en médecine. **Étude médicale et statistique** sur la mortalité à Paris, à Londres, à Vienne et à New-York en 1865, d'après les documents officiels, avec une carte météorologique et mortuaire. Paris, 1866. 1 vol. in-8. . . . .   6 fr.

Population de Paris, de Londres, de Vienne et New-York. Population de Paris à différentes époques. De l'air et des lieux. — Observations météorologiques faites à Paris, à Londres, à Vienne et à New-York en 1865. Des eaux publiques à New-York, à Vienne, à Londres, à Paris, à Rome. Tableau comparatif de la distribution des eaux publiques dans ces capitales. Mortalité en 1865 dans les 4 capitales, par mois et par âge, à domicile et aux hôpitaux dans les 4 capitales, par arrondissement à Paris. — Tableau présentant la mortalité de chaque arrondissement, sa population absolue et spécifique, son altitude moyenne, sa richesse évaluée à l'aide de l'impôt foncier par maison, de la contribution mobilière par appartement, et du nombre des indigents. Mortalité comparée aux naissances à Paris en 1865. Variation de la mortalité à Paris de 1670 à 1865. Vie moyenne à différents âges à Paris. Mortalité par causes de décès. Maladies zymotiques. Petite vérole. Fièvre typhoïde. La fièvre typhoïde est-elle devenue plus meurtrière depuis la découverte de la vaccine ? Rougeole. Scarlatine. Diphthérie. Croup. Coqueluche. Erysipèle. Fièvre puerpérale. Influences météorologiques. Fièvre intermittente. Choléra. Mortalité pendant les épidémies de 1832, 1849, 1854, 1865. Influence de la densité de la population, de l'altitude des quartiers, de la misère, de la nature du sol, des eaux potables. Les eaux de Seine à Paris, pendant le choléra de 1865. Influence météorologiques. Choléra dans ses rapports avec les autres maladies régnantes. Maladies diathésiques ou constitutionnelles. Cancer. Phthisie pulmonaire. Influence de l'âge, du sexe, des saisons, des climats, de la misère. Maladies du système nerveux. Apoplexie cérébrale. Maladies du cœur. Maladies des organes respiratoires. Pneumonie. Influence de l'âge, du sexe, des saisons, de la misère. Maladies de l'appareil digestif. Maladies de l'appareil génito-urinaire. Débilité et vices de conformation. Morts violentes. Morts accidentelles. Meurtres. Suicides.— Du suicide à différentes époques dans les quatre capitales. Détails divers sur le suicide à Paris. Accroissement du nombre des suicides à Paris. Les idées démocratiques sont-elles responsables de ce résultat? Mort-nés. Chiffres considérable des mort-nés à Paris. Résumé et conclusion. Des réformes à introduire dans le service sanitaire de Paris, et dans le Bulletin de statistique municipale.

VACHER (L.). Des maladies populaires et de la mortalité à Paris, à Londres, à Vienne, à Bruxelles, à Berlin, à Rockaden et à Turin en 1866, avec une étude médico-hygiénique sur les consommations dans ces villes. 2e année. Paris, 1867. In-8.. . . . .· . 5 fr.

—— **Carte présentant l'état météorologique et la mortalité à Paris en 1865.** 1 gr. feuille jésus.. . . . . 2 fr.

Cette carte donne le tracé graphique et jour par jour de toutes les circonstances météorologiques et de la mortalité, ainsi que la mortalité relative pour chacun des 20 arrondissements, des détails sur la mortalité à Paris à différentes époques, etc.

VAN DEN BROEK (Victor). Catéchisme agricole. Notions très-élémentaires des sciences naturelles considérées dans leurs rapports avec l'agriculture; ouvrage spécialement destiné aux écoles rurales. 1855, 1 vol. in-18.. . . . . 75 c.

VAN HOLSBEEK, ancien interne des hôpitaux, etc. **Le médecin de la famille.** Paris, 1861. 1 vol. in-18, avec pl. col.. . . . . 4 fr.

VERNEUIL, Professeur à la Faculté de médecine de Paris. (*Voir* PHILI-PEAUX (R.)

VERNEUIL (E. de) ET COLLOMB (E). Membres de la Société géologique de France. **Carte géologique de l'Espagne et du Portugal,** d'après leurs propres observations faites de 1844 à 1862, celles de M. C. de Prado, Botella, Schulz, A. Maestre, Aranzazu, Bauza, J. de Vilanova, E. Fauchez, F. de Lujan, de Lorière, Dufrénoy et Elie de Beaumont, Le Play, Jacquet, Vezian pour l'Espagne et celles de MM. C. Ribeiro et Sharpe pour le Portugal. Paris, 1868. 1 feuille col. avec un texte explicatif. . . . 15 fr.

VERRIER. Manuel pratique de l'art des accouchements, précédé d'une préface par PAJOT, professeur agrégé à la Faculté de médecine de Paris. Paris, 1867. 1 vol. in-18 de 700 p. avec 87 gr. dans le texte. . . . . 6 fr.

Ce manuel est le *vade-mecum* de l'étudiant et du praticien ; il a pour parrain un des hommes les plus populaires de la Faculté de Paris, le professeurPajot, qui en a écrit la préface.

Le livre est divisé en cinq parties, qui comprennent : l'anatomie du bassin et des organes génitaux de la femme, — l'étude de la gestation, les changements anatomiques de l'utérus et de ses annexes pendant la grossesse, l'accouchement proprement dit, ou l'étude des présentations et des positions, — la dystocie, — les manœuvres et opérations.

De nombreuses figures, extraites pour la plupart du Traité complet d'accouchements de M. Joulin, rendent le texte plus clair et plus facile. Ce manuel, très-portatif, est écrit avec précision, avec méthode, et il est appelé à rendre de nombreux services, non-seulement aux élèves qui veulent apprendre et retenir, mais encore aux praticiens qui ont quelquefois besoin de se souvenir. Il est le reflet de l'enseignement de M. Pajot, avec qui l'auteur s'est identifié.

—— **Cours public d'accouchements.** Historique de l'art des accouchements. Leçons d'ouverture (3 décembre 1861) recueillies par M. VIOLI. In-8. . . . . 1 fr.

—— **Lettres sur l'enseignement médical en Belgique.** Paris, 1867. In-8. . . . . · . . . . 1 fr. 25

—— **Parallèle entre le céphalotribe et le forceps-scie,** Mémoire lu à l'Académie impériale de médecine. Paris, 1866. In-18 de 60 p. 75 c.

VÉZIAN (Alexandre), professeur à la Faculté des sciences de Besançon, membre de la Société géologique de France. **Prodrome de géologie,** Paris, 1863-1866. 3 vol. in-8, publiés en 10 livr. Ouvrage complet.   25 fr.

Constitution physique du globe au point de vue géologique. — Origine, du mode d'accroissement et de la structure générale de l'écorce terrestre. — Phénomènes géo-

logiques qui ont leur siége à la surface des continents et sur le sol émergé. — Des
phénomènes géologiques qui s'accomplissent au sein des eaux et sur le sol immergé.
— Phénomènes géologiques dont le siége est dans l'intérieur de l'écorce terrestre.
— Phénomènes dont le siége est dans l'intérieur de l'écorce terrestre, action geysé-
rienne, métamorphisme. — Actions dynamiques qui s'exercent sur l'écorce terrestre;
stratigraphie générale.— Stratigraphie systématique; systèmes de montagnes.— Structure intérieure et configuration générale de l'écorce terrestre. — Intervention de
l'organisme dans les phénomènes géologiques. — Révolutions de la surface du globe.
— Classification et description des terrains de la série paléozoïque. — Classification et
description des terrains de la série mésozoïque. — Classification et description des
terrains de la série néozoïque.

Pour les autres publications de M. Vézian, voir nos Catalogues d'Histoire naturelle.

VIN SANS RAISIN (Le), ou manière de fabriquer soi-même toute
espèces de vins et boissons économiques à l'usage des ménages depuis
5 centimes le litre. 2ᵉ édition, 1856. 1 vol. in-18. . . . . 1 fr.

WAGNER (H.). Phanerogamen-Herbarium. Bielefield, 1858. Petit
in-folio, de 8 livraisons, contenues dans un carton en toile anglaise renfermant 200 échantillons collés et étiquetés avec soin. . . . . 20 fr.

Liv. I, Ranunculaceen, Cruciferen. — II, Cruciferen, Lineen. — III, Lineen Papi-
lionaceen. — IV. Papilionaceen-Grossuiarieen. — V. Saxifrageen Stellaten. — VI. Ru-
biaceen-Oleineen. — VII. Asclepiadeen-Primulaceen. — VIII. Oleraceæ Liliaceæ.

—— **Cryptogamen Herbarium.** Bielefield, 1860. In-8 de 9 livraisons
contenues dans un carton en toile anglaise renfermant 200 échantillons collés et étiquetés avec soin.. . . . . 12 fr.

Liv. I à III, Laubmoose. — IV et V. Lebermoose. — VI et VII, Flechten. — VIII, Al-
gen. — IX. Pilze und Gefäss-Cryptogamen.

—— **Gras Herbarium.** Bielefield. Petit in-folio de 8 livraisons contenues
dans un carton en toile anglaise renfermant 200 échantillons collés et étiquetés avec soin. . . . . 20 fr.

Liv. I à III, Juncaceen. — IV, V. — Cyperaceen. — VI, VIII, Gramineceæ.

—— **Herbarium Medicinalis.** Bielefield, 1861. Petit in-folio de 4 livraisons contenues dans un carton en toile anglaise formant 100 échantillons
collés et étiquetés avec soin. . . . . 10 fr.

WALPERS (G. G.). Repertorium botanices systematicæ.
Lipsiæ, 1842-1848. 6 vol. in-8 . . . . 140 fr.

—— **Annales botanices systematicæ**, Synopsis plantarum phanero-
gamicarum novarum omnium (continuation de Walpers par Karl Müller).
Lipsiæ, 1848-1868. 7 vol. in-8.. . . . . 180 fr.

WEST (Charles). Membre du Collège royal des médecins, Examinateur
d'accouchements à l'Université de Londres, Médecin de l'hôpital des enfants, et premier accoucheur des hôpitaux de Saint-Barthélemi et de
Midlesex. **Leçons sur les maladies des femmes**, traduit de l'anglais sur la 3ᵉ édition par MAURIAC, médecin des hôpitaux. Paris, 1868
1 fort vol. in-8. (*Sous presse.*)

PUBLICATIONS PÉRIODIQUES

ADANSONIA. Recueil périodique d'observations botaniques, rédigé par
H. Baillon, professeur d'histoire naturelle à la Faculté de médecine de
Paris, publié mensuellement par livraisons gr. in-8 avec planches gravées.
   Prix de l'abonnement. . . . . 15 fr. »
   Prix des tomes I à V réunis, au lieu de 75 fr.. . . . . . 62 fr. 50
   Prix des tomes VI, VII, VIII, chacun. . . . . 15 fr. »

BULLETIN DE LA SOCIÉTÉ GÉOLOGIQUE DE FRANCE.
   Première série, 14 volumes in-8, avec planches. — Deuxième série, 25 vol.
   in-8, avec planches. Les deux séries. (1110). . . . . 450 fr.
   L'année 1868, correspondant au tome XXV. Prix de l'abonnement. 30 fr.

BULLETIN DE LA SOCIÉTÉ LINNÉENNE DE NORMANDIE, publié
   depuis 1855. 8 volumes in-8, avec planches.. . . . . 36 fr.

BULLETIN DE LA SOCIÉTÉ PHILOMATHIQUE DE PARIS
   Se publie par cahiers trimestriels in-8, depuis le mois de mai 1864. Prix
   de l'abonnement.. . . . . 5 fr.

GAZETTE DES EAUX. Revue hebdomadaire des eaux minérales des bains
   de mer et de l'hydrothérapie publié le jeudi depuis le premier mai 1859,
   par M. Germond de Lavigne.
   Pour la France, prix de l'abonnement, un an. . . . . . . 15 fr.
   —   6 mois. . . . . 9 fr.
   Pour l'étranger suivant les tarifs.
   Prix de la collection, 10 volumes grand in-4. . . . . . . 70 fr.

JOURNAL DE CONCHYLIOLOGIE, comprenant l'étude des mollusques vi-
   vants et fossiles, publié trimestriellement sous la direction de MM. Crosse
   et P. Fischer. Prix de l'abonnement pour la France. . . . . . 14 fr.
   Pour les départements. . . . . 15 fr.
   Pour l'étranger. . . . . 18 fr.
   Pour les pays d'outre-mer. . . . . 20 fr.
   Prix de la collection, 15 vol. in-8, avec pl. noires et coloriées. 210 fr.

MÉDECINE CONTEMPORAINE (LA). publié le 1er et le 15 de chaque
   mois, par M. Émile Duval. Prix de l'abonnement pour la France. . 5 fr.
   Pour l'étranger. . . . . 8 fr.

MÉMOIRES DE LA SOCIÉTÉ GÉOLOGIQUE DE FRANCE.
   Première série. 5 volumes en 10 parties, in-4, avec planches. . 100 fr.
   Deuxième série. 8 volumes en 17 parties, in-4, avec planches. . 188 fr.

MÉMOIRES DE LA SOCIÉTÉ LINNÉENNE DE NORMANDIE, publié
   depuis 1824. 14 volumes in-4 avec planches. . . . . 250 fr.
   Cette collection renferme de nombreux travaux de MM. Eudes et Eugène Deslongchamps, de Fromentel, de Ferry, Fauvel, etc.

REVUE D'HYDROLOGIE MÉDICALE française et étrangère, et clinique
   des maladies chroniques, publié mensuellement l'hiver et bimensuellement
   l'été, par MM. Delacroix, Engel, Hugueny, Jacquemin, Medez, Marpain,
   Ritter, Robert, Willemin. Prix de l'abonnement. . . . . 10 fr.
   Pour l'étranger. . . . . 12 fr.

REVUE DES JARDINS ET DES CHAMPS. Bulletin mensuel d'horticulture, publié par Chenpin, depuis 1860. Prix de l'abonnement. . 7 fr. 50
   Prix de la collection, 9 vol. in-8 . . . . 67 fr. 50

PARIS. — IMP. SIMON RAÇON ET COMP., RUE D'ERFURTH, 1.